中国矿业大学实验技术研究与开发重点项目(S2021D0

U0348435

土木工程材料与结构 基础试验指导教程

段晓牧　杨建平　刘晴　高涛　编

中国矿业大学出版社

·徐州·

内 容 提 要

本试验教材是根据中国矿业大学土木工程专业本科生专业课土木工程材料 A/B 和结构设计原理的试验教学大纲要求编写的,是中国矿业大学土木工程材料与结构试验教学的指导教材。

在选材安排中土木工程材料试验部分主要介绍了土木工程材料的基准试验方法和主要仪器设备的操作规程。土木工程结构试验部分以静载试验为主,主要介绍了结构静载试验的程序、方法和主要仪器设备等内容。

图书在版编目(C I P)数据

土木工程材料与结构基础试验指导教程 / 段晓牧等编. —徐州:中国矿业大学出版社,2022.3
ISBN 978 - 7 - 5646 - 5226 - 5

Ⅰ. ①土… Ⅱ. ①段… Ⅲ. ①土木工程－实验－高等学校－教材 Ⅳ. ①TU-33

中国版本图书馆 CIP 数据核字(2021)第 230509 号

书　　名	土木工程材料与结构基础试验指导教程
编　　者	段晓牧　杨建平　刘　晴　高　涛
责任编辑	杨　洋
出版发行	中国矿业大学出版社有限责任公司
	(江苏省徐州市解放南路　邮编221008)
营销热线	(0516)83885370　83884103
出版服务	(0516)83995789　83884920
网　　址	http://www.cumtp.com　**E-mail**:cumtpvip@cumtp.com
印　　刷	徐州中矿大印发科技有限公司
开　　本	787 mm×960 mm　1/16　**印张** 8　**字数** 144 千字
版次印次	2022 年 3 月第 1 版　2022 年 3 月第 1 次印刷
定　　价	29.00 元

(图书出现印装质量问题,本社负责调换)

前　言

　　土木工程材料与结构基础试验是土木工程专业课程教学中非常重要的实践环节。通过基础试验与分析，可以帮助学生加深对专业基础理论的理解，进行基本操作技能的初步训练，提高学生分析和解决实际问题的能力。本书的编写不仅能够满足土木工程及相关专业的基本试验教学需要，还注重培养学生的综合试验能力，同时激发学生进行拓展试验的兴趣，从而培养创新型土木工程技术人才。

　　本书分为两个部分内容：第一部分为土木工程材料试验，主要介绍土木工程材料的相关试验技术；第二部分为土木工程结构试验，主要以静载试验为主，介绍结构静载试验技术。

　　本书由中国矿业大学力学与土木工程学院段晓牧，徐州工程学院刘晴，碧桂园控股有限公司杨建平、高涛编写，具体分工如下：第1章绪论由刘晴编写；第一部分土木工程材料试验和第二部分土木工程结构试验由段晓牧编写；杨建平和高涛负责全书的统稿和修改工作。

　　在编写本书过程中，编者参考了大量的相关文献资料和标准规范，同时得到了中国矿业大学力学与土木工程学院各位老师的大力支持和帮助，在此一并表示感谢。

　　由于编者水平有限，书中难免存在不妥之处，恳请广大读者不吝赐教。

编者

2021 年 3 月

目　　录

第二部分 土木工程结构试验

第1章 绪 论

本教材在选材安排中土木工程材料试验部分主要介绍了土木工程材料的基准试验方法和主要仪器设备的操作规程。土木工程结构试验部分以静载试验为主,主要介绍了结构静载试验的程序、方法和主要仪器设备等内容。

本教材的主要内容包括土木工程材料试验和土木工程结构试验,每个部分的试验项目分为三个层次:① 基本型试验是土木工程材料和结构试验的本科教学必修试验项目,符合试验教学大纲的基本要求;② 提高型试验是为了满足更高层次学生开展试验项目,可由学生自由选修或教师演示;③ 自主创新型试验是具有研究性质的自主性试验项目,可结合土木工程自主创新试验、大学生科技训练计划、大学生结构设计竞赛,在教师指导下由学生独立完成。

1.1 试验要求与数据分析评定

1.1.1 试验要求

(1)试验分组进行,试验中各小组成员互相协作,共同完成。

(2)试验记录要完整,规范填写,字迹清晰、不潦草。

(3)试验数据应真实准确,不得随意更改。严禁伪造数据,不准弄虚作假。

(4)为了保证试验结果的代表性、可靠性及精度,必须对试验数据的准确性、离散性及精度做出判断,并进行合理取舍。

(5)对试验中明显不合理的数据,需认真分析研究,找出原因;有条件时进行补充试验,以便对可疑数据进行取舍或更正。

(6)试验数据的有效位数,应与技术要求和试验检测系统的检测度相适应。

1.1.2 数据分析评定

(1)对各次试验结果进行数据处理,一般取 n 次平行试验结果的算术平均值作为最终结果。试验结果应满足精确度和有效数字的要求。

(2)试验结果经计算处理后应给予评定,评定其是否满足标准要求或者评定其等级。在某些情况下,还应对试验结果进行分析,并得出结论。

1.2　试验守则

　　(1)学生进入实验室后必须严格遵守实验室的各项规章制度,遵守课堂纪律,保持安静和设备整洁,不得擅自挪用和交换每组配备的仪器设备。

　　(2)爱护实验室的仪器设备,节约使用材料。未经许可不得动用与本试验无关的仪器设备,不得将实验室内任何物品带出室外。

　　(3)学生在试验前必须做好试验预习,认真阅读试验指导书,明确试验目的、要求和注意事项,并撰写预习报告。

　　(4)注意试验安全,遵守实验室安全规定,防止人身事故和仪器事故发生。若仪器、设备损坏,要及时向指导教师报告,待指导教师查明原因并排除故障后方可继续试验。

　　(5)在试验过程中要细心观察,认真记录试验数据,严格按照试验规程操作,注意人身、设备安全。

　　(6)试验完毕,要做好整理工作,将所用仪器、材料、工具等放回原处。清扫试验场地,切断电源和水源,并经指导教师检查合格后方可离开。

　　(7)试验结束后,要认真独立完成试验报告,写出试验的结论、体会和建议,并按时将试验报告交试验指导教师。

　　(8)对严重违反实验室规章制度和操作规程的学生,试验指导教师有权终止其试验。

第一部分　土木工程材料试验

　　土木工程材料试验是进行材料性能测试和相关科学研究的重要方法,是土木工程材料课程的重要实践性教学环节。要求学生通过学习和试验,掌握常用材料检测的目的、方法、步骤及数据处理等基本知识,对常用土木工程材料的基本性能进行正确评价,以加强理论与实践的结合。

　　本部分的主要内容包括:水泥试验、集料试验、普通混凝土拌合物工作性能试验、普通混凝土力学强度与静力受压弹性模量试验、建筑钢材试验等。将土木工程材料试验分为三个层次:一是基本型试验,对应于学生教学大纲范围,属于课程学习的基本要求;二是综合型、设计型试验,其内容包括对基本型试验的综合运用;三是创新型试验,其内容涉及部分当前领域的研究热点或趋势等。

第 2 章　基本型试验

2.1　水泥试验

测定水泥的细度、标准稠度用水量、凝结时间、安定性及水泥胶砂强度等主要技术性能,作为评定水泥质量的主要依据。

（1）试验采用标准

①《通用硅酸盐水泥》(GB 175—2020);

②《水泥细度检验方法 筛析法》(GB/T 1345—2005);

③《水泥标准稠度用水量、凝结时间、安定性检验方法》(GB/T 1346—2011);

④《水泥胶砂强度检验方法(ISO)》(GB/T 17671—2021);

⑤《水泥比表面积测定方法 勃氏法》(GB/T 8074—2008)。

（2）试验条件

① 环境条件:实验室温度为 17～25 ℃,相对湿度不低于 50%。养护室温度为(20±2) ℃,相对湿度大于 90%。试样养护池水温度应控制在(20±2) ℃范围内。

② 取样条件:同一试验水泥应从同一水泥厂、同品种、同强度等级、同一批号的水泥中取样。

③ 试样及用水:水泥试样应充分拌匀,并通过孔径为 0.9 mm 的方孔筛进行筛分,以剔除 0.9 mm 以上的颗粒;试验用水必须是洁净的淡水。

2.1.1　水泥细度试验(筛析法)

2.1.1.1　试验目的与要求

检测水泥的粗细程度,作为评定水泥质量的依据之一。掌握《水泥细度检验方法 筛析法》(GB/T 1345—2005)的测试方法,正确使用仪器设备。

2.1.1.2　主要仪器及设备

① 负压筛:筛框有效直径为 150 mm、高度为 50 mm,方孔边长为 0.05 mm

的铜布筛。

② 负压筛析仪:由筛座、负压筛、负压源及吸尘器组成,筛析仪负压可调范围为 4 000～6 000 Pa,如图 2-1 所示。

③ 天平:感量为 0.01 g 的电子天平。

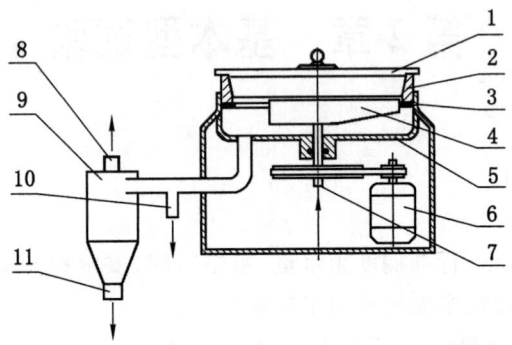

1—有机玻璃盖;2—0.080 mm 方孔筛;3—橡胶垫圈;4—喷气嘴;5—壳体;6—微电机;
7—压缩空气进口;8—抽气口(接负压泵);9—旋风收尘器;10—风门(调节负压);11—细水泥出口。

图 2-1　负压筛析仪示意图

2.1.1.3　试验步骤

① 筛析前,把负压筛放在筛座上,盖上筛盖,接通电源,调节负压为 4 000～6 000 Pa。

② 称取试样 25 g,放入负压筛,盖上筛盖,放在筛座上。

③ 启动负压筛析仪,连续筛析 120 s,轻轻敲打盖上附着的试样。停机后,用天平称量筛余物 R_s(精确至 0.01 g)。

2.1.1.4　试验结果处理

水泥试样筛余百分率按式(2-1)计算(精确至 0.1 g)。

$$F = \frac{R_s}{W} \times 100\%$$ 　　　　　(2-1)

式中　F——水泥试样筛余百分率。

　　　　R_s——水泥筛余物的质量,g。

　　　　W——水泥试样的质量,g。

2.1.2　水泥标准稠度用水量试验

2.1.2.1　试验目的与要求

测定水泥净浆达到标准稠度(统一规定的浆体可塑性)时的用水量,此试验是测定水泥的凝结时间和体积安定性的基础试验。通过本试验掌握《水泥标准稠度用水量、凝结时间、安定性检验方法》(GB/T 1346—2011)规定的测试方法,正确使用仪器设备。

2.1.2.2 主要仪器及设备

① 水泥净浆搅拌机(图 2-2):应符合《行星式水泥胶砂搅拌机》(JC/T 681—2005)的要求。

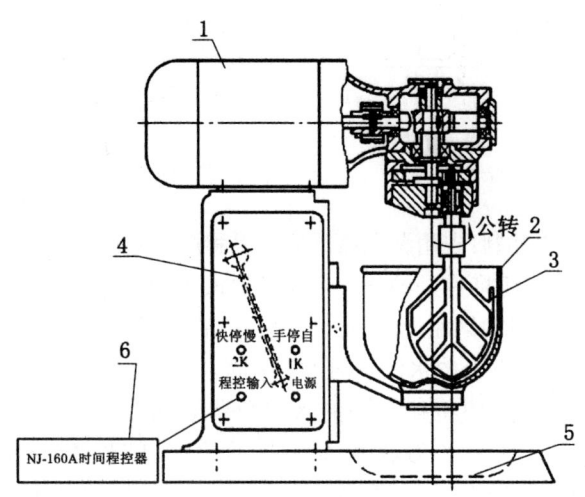

1—电机;2—搅拌锅;3—搅拌叶片;4—手柄;5—底座;6—控制器。

图 2-2 水泥净浆搅拌机

② 标准稠度测定仪(也称为标准法维卡仪):标准稠度测定用试杆有效长度为(50±1) mm,由直径为(10±0.05) mm 的圆柱形耐腐蚀金属制成。滑动部分的总质量为(300±1) g。与试杆、试针连接的滑动杆表面应光滑,能靠重力自由下滑。盛装水泥净浆的试模应由耐腐蚀、有足够硬度的金属制成。试模为深(40±0.2) mm、顶内径为(65±0.5) mm、底内径为(75±0.5) mm 的截顶圆锥体。每只试模应配备一个尺寸大于试模、厚度不小于 2.5 mm 的平板玻璃底板。标准稠度测定仪维卡仪和试模分别如图 2-3 和图 2-4 所示。

③ 量筒:最小刻度为 0.1 mL,精度为 1%。

④ 天平:感量为 0.01 g 的电子天平。

2.1.2.3 试验步骤

① 试验前检查维卡仪金属棒能否自由滑动,调整试杆至接触玻璃板时指针对准零刻度线。

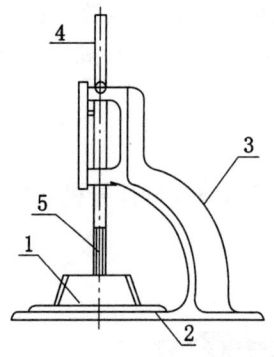

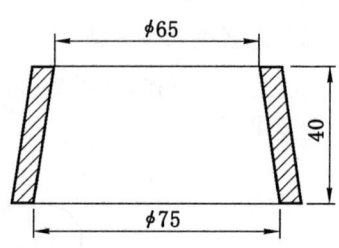

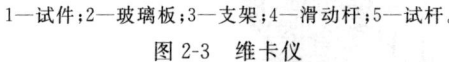

1—试件;2—玻璃板;3—支架;4—滑动杆;5—试杆。

图 2-3　维卡仪 　　　　　　　　　　图 2-4　圆模(单位:mm)

② 水泥净浆的拌制:先用湿布擦拭搅拌锅和搅拌叶片,将水倒入搅拌锅内,然后在 5~10 s 内小心地将称好的 500 g 水泥加入水中,防止水和水泥溅出。拌和时,先将锅放在搅拌机的锅座上,升至搅拌位置,启动搅拌机,低速搅拌 120 s,再停15 s,同时将叶片和锅壁上的水泥浆刮入锅中间,接着高速搅拌 120 s 停机。

③ 拌和结束后,立即将拌制好的水泥净浆装入已置于玻璃底板上的试模中,浆体超过试模上端,用小刀插捣,轻轻振动数次,刮去多余的净浆;抹平后迅速将试模和底板移到维卡仪上,并将其中心定在试杆下,降低试杆直至与水泥净浆表面接触,拧紧螺丝 1~2 s 后突然放松,使试杆垂直自由地沉入水泥净浆。在试杆停止沉入或释放试杆 30 s 时记录试杆距底板之间的距离,升起试杆后立即擦净。整个操作应在搅拌后 1.5 min 内完成。

2.1.2.4　试验结果评定

以试杆沉入净浆并距底板(6±1) mm 的水泥净浆为标准稠度净浆。其拌和水量为该水泥的标准稠度用水量(P),按水泥质量的百分比计[式(2-2)]。如果测试结果不能达到标准稠度,应调整用水量,并重复以上步骤,直至达到标准稠度为止。

$$P = \frac{\text{拌和用水量}}{\text{水泥质量}} \times 100\% \tag{2-2}$$

2.1.3　水泥凝结时间试验

2.1.3.1　试验目的与要求

根据国家标准《水泥标准稠度用水量、凝结时间、安定性检验方法》(GB/T 1346—2011),测定水泥的凝结时间,作为判断水泥质量的主要依据。

2.1.3.2 主要仪器及设备

标准稠度测定仪(标准法维卡仪,如图 2-5 所示)、试针和试模、水泥净浆搅拌机、量筒(最小刻度为 0.1 mL,精度为 1%)、天平(感量为 0.01 g 的电子天平)、标准养护箱等。

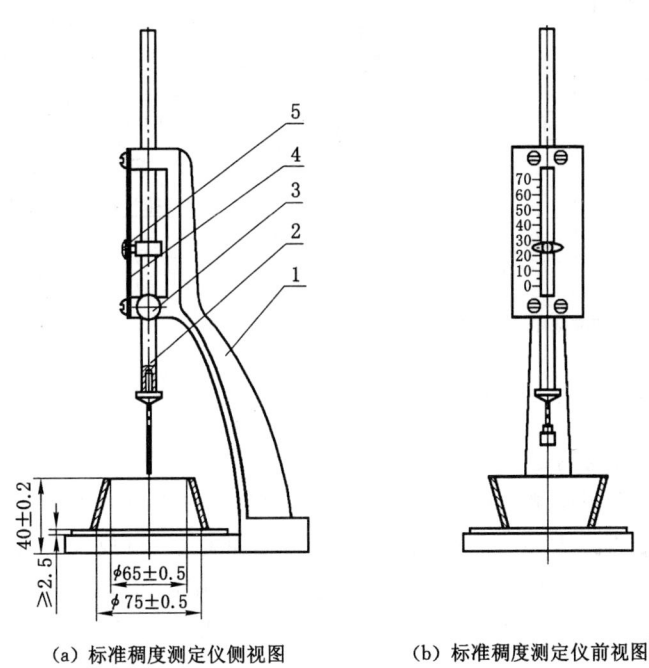

（a）标准稠度测定仪侧视图   （b）标准稠度测定仪前视图

1—铁座;2—金属滑杆;3—松紧螺丝旋钮;4—标尺;5—指针。

图 2-5 测定水泥标准稠度和凝结时间用的维卡仪(单位:mm)

2.1.3.3 试验步骤

（1）初凝时间测定

① 调整凝结时间测定仪,使指针接触玻璃板时指针对准零点。

② 以标准稠度用水量拌制标准稠度的水泥净浆;一次装满试模,振动数次后刮平,立即放入标准养护箱中。记录水泥全部加入水中的时间,作为凝结时间的起始时间 t_1。

③ 试件在标准养护箱中养护至加水后 30 min 时进行第 1 次测定。测定时从养护箱中取出试模放到试针下,降低试针,使其与水泥净浆表面接触,拧紧螺丝 1~2 s 后突然放松,试针垂直地沉入水泥净浆,观察指针停止下沉或释放指针 30 s 时指针的读数,当试针沉至距底板(4±1) mm 时水泥达到初凝状态,此

时记录时间 t_2。临近初凝时间时每隔 5 min 测定 1 次,由水泥全部加入水中至初凝状态的时间为水泥的初凝时间,用小时(h)或分钟(min)表示。测定水泥标准程度凝结时间试杆如图 2-6 所示。

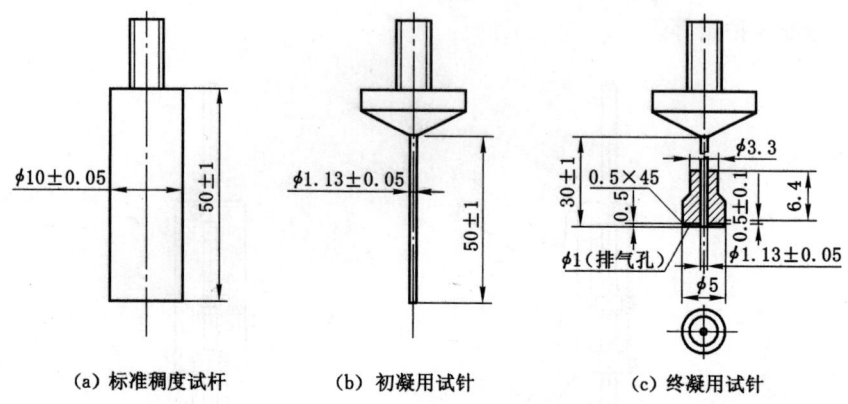

(a) 标准稠度试杆   (b) 初凝用试针   (c) 终凝用试针

图 2-6　测定水泥标准稠度凝结时间试杆(单位:mm)

（2）终凝时间测定

在完成初凝时间测定后,立即将试模连同浆体以平移的方法从玻璃板上取下,翻转 180°,直径大端向上、小端向下,放在玻璃板上,再放入湿气养护箱中继续养护,临近终凝时间时每隔 15 min 测定 1 次,当试针沉入试体 0.5 mm 时,即环形附件开始不能在试体上留下痕迹,认为水泥达到终凝状态,此时记录时间 t_3。由水泥全部加入水中至终凝状态的时间为水泥的终凝时间,按分钟(min)计。

2.1.3.4　测定注意事项

① 在最初测定的操作时,应轻轻扶住金属柱,使其徐徐下降,以防试针被撞弯,但是结果以自由下落为准;在整个测试过程中试针沉入的位置至少要距试模内壁 10 mm。

② 临近初凝时,每隔 5 min 测定 1 次,临近终凝时每隔 15 min 测定 1 次,到达初凝或终凝时应立即重复测定 1 次,当两次结论相同时才能确定达到初凝或终凝状态。

③ 每次测定不能让试针落入原针孔,每次测试完必须将试针擦干净并将试模放回湿气养护箱内,整个测试过程要防止试模受振。

2.1.3.5　试验结果判定

① 计算时刻 t_1 至时刻 t_2 时所用时间,即初凝时间 $t_初 = t_2 - t_1$(单位为

min)。

② 计算时刻 t_1 至时刻 t_3 时所用时间，即终凝时间 $t_终 = t_3 - t_1$（单位为 min)。

《通用硅酸盐水泥》(GB 175—2020)规定：硅酸盐水泥的初凝时间不得小于 45 min,终凝时间不得大于 390 min。根据国家标准评定水泥凝结时间是否合格。

2.1.4　水泥体积安定性试验

2.1.4.1　试验目的与要求

检验水泥浆在硬化过程中体积变化是否均匀，是否因体积变化不均匀而引起膨胀、裂缝或翘曲现象，以判定水泥的安定性是否合格。本试验方法根据国家标准《水泥标准稠度用水量、凝结时间、安定性检验方法》(GB/T 1346—2011)采用雷氏法，测定时使用标准稠度的水泥净浆。

2.1.4.2　主要仪器及设备

① 水泥净浆搅拌机：应符合《水泥净浆搅拌机》(JC/T 729—2005)的要求（图 2-2)。

② 沸煮箱：有效容积为 140 mm×240 mm×310 mm。箅板结构不影响试验结果，箅板与加热器之间的距离大于 50 mm。箱的内层由不易锈蚀的金属材料制成，能在(30±5) min 内将箱内的试验用水由室温加热至沸腾并可保持沸腾状态 3 h 以上，整个试验过程不需要补充水量。

③ 雷氏夹：由铜质材料制成。当一根指针的根部先悬挂在一根金属丝或尼龙丝上，另一根指针的根部再挂上 300 g 的砝码时，两根针尖距离增加值应在 (17.5±2.5) mm 范围以内。当去掉砝码后两针尖的距离能恢复至挂砝码前的状态。每个雷氏夹需配备质量为 78~85 g 的玻璃板两块（图 2-7、图 2-8)。

④ 雷氏夹膨胀测定仪（图 2-9)：标尺最小刻度为 1 mm。

⑤ 其他设备：量筒（最小刻度为 0.1 mL,精度为 1%)、天平（感量为 0.01 g)、湿气养护箱[温度控制在(20±3) ℃,相对湿度大于 90%]等。

2.1.4.3　试验步骤

① 将预先准备好的雷氏夹放在已擦油的玻璃板上，并立即将已制好的标准稠度的水泥净浆一次装满雷氏夹。装入水泥净浆时一只手轻扶雷氏夹，另一只手用宽约 10 mm 的小刀插捣数次，然后抹平，盖上涂油的玻璃板。随即将试件移至养护箱内养护(24±2) h。

② 脱去玻璃板，取下试件，先测量雷氏夹指针尖端间的距离(A),精确到

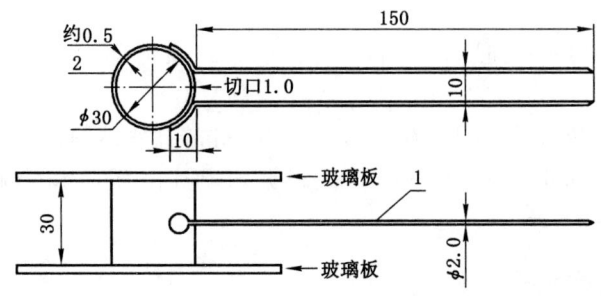

1—指针;2—环模。

图 2-7　雷氏夹(单位:mm)

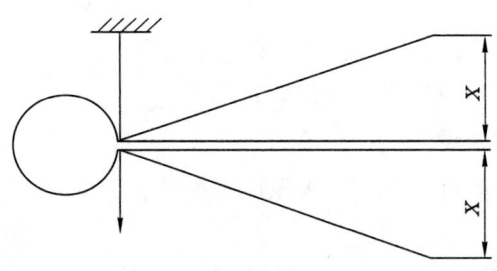

图 2-8　雷氏夹受力示意图

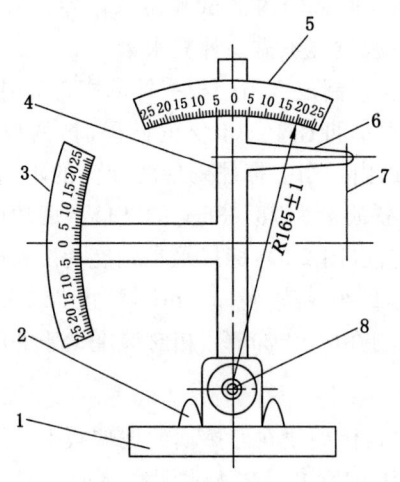

1—底座;2—模子座;3—测弹性标尺;4—立柱;

5—测膨胀标尺;6—悬臂;7—悬丝;8—弹簧顶钮。

图 2-9　雷氏夹膨胀测定仪

0.5 mm。接着将试件放到沸煮箱内水中试件架上,指针朝上,然后在(30±5) min 内加热至沸腾并恒沸(180±5) min。

③ 煮沸结束后,立即放掉沸煮箱中的热水,打开箱盖,待箱体冷却至室温,取出试件进行判别。

2.1.4.4　试验结果判别

测量雷氏夹指针尖端间的距离(C),精确至 0.5 mm。若两个试件沸煮后增加距离($C-A$)的平均值不大于 5.0 mm,则认为该水泥安定性合格。当两个试件的沸煮后增加距离($C-A$)的平均值相差超过 4 mm 时,应用同一样品立即重做一次试验。若再如此,则认为该水泥安定性不合格。

2.1.5　水泥胶砂试件制备及强度试验

2.1.5.1　试验目的与要求

本试验根据《水泥胶砂强度检验方法(ISO)》(GB/T 17671—2021)进行,要求掌握水泥胶砂强度的试验方法,测定水泥在规定龄期时的抗压强度和抗折强度,确定水泥强度等级。或已知强度等级,检验水泥强度是否满足规范要求。

2.1.5.2　试验设备

① 水泥胶砂搅拌机:行星式水泥胶砂搅拌机,应符合《行星式水泥胶砂搅拌机》(JC/T 681—2005)的要求(图 2-10)。

② 水泥胶砂试模:由 3 个水平的模槽组成,可同时成型 3 条 40 mm×40 mm×160 mm 的菱形试件,其材质和制造尺寸应符合《水泥胶砂试模》(JC/T 726—2005)的要求。

③ 胶砂振实台:应符合《水泥胶砂试体成型振实台》(JC/T 682—2005)的要求(图 2-11)。

④ 水泥强度试验机:应符合《水泥胶砂电动抗折试验机》(JC/T 724—2005)的要求。

2.1.5.3　试验步骤

(1) 胶砂试件的制备

① 试件成型前将试模擦干净,在试模内壁刷上一层薄机油。水泥胶砂检验强度试模如图 2-12 所示。

② 水泥与 ISO 标准砂的质量比为 1∶3,水灰比为 0.5。对于一次成型的水泥胶砂三联试件,每锅材料量为:水泥(450±2) g,标准砂(1 350±5) g,水(225±1) g。配料中规定称量用天平精度为±1 g,量筒精度为±1 mL。

③ 胶砂搅拌时,先把水加入锅内,再加入水泥,把锅放在固定架上,上升

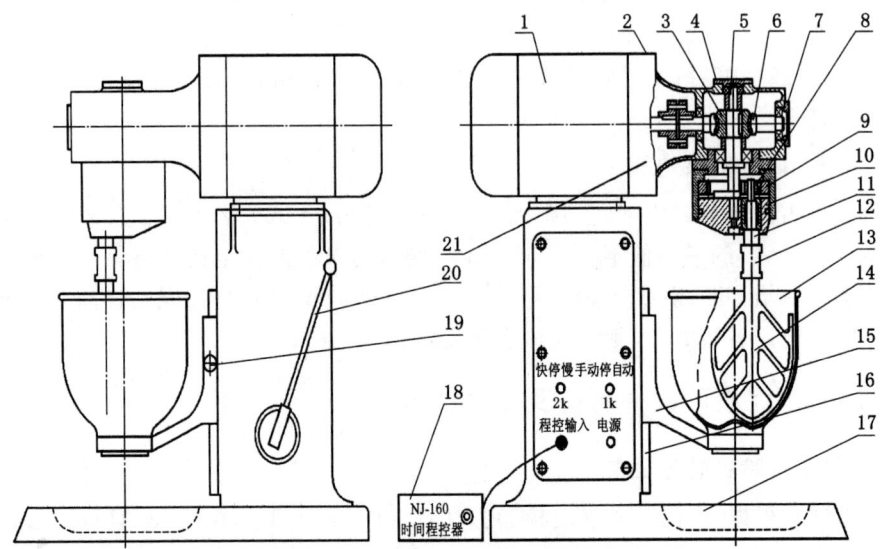

1—双速电机;2—连接法兰;3—蜗轮;4—轴承盖;5—蜗杆轴;6—蜗轮轴;7—轴承盖;8—行星齿轮;
9—内齿圈;10—行星定位套;11—叶片轴;12—调节螺母;13—搅拌锅;14—搅拌叶片;15—滑板;
16—立柱;17—底座;18—时间程控器;19—定位螺钉;20—升降手柄;21—减速器。

图 2-10 水泥浆搅拌机示意图

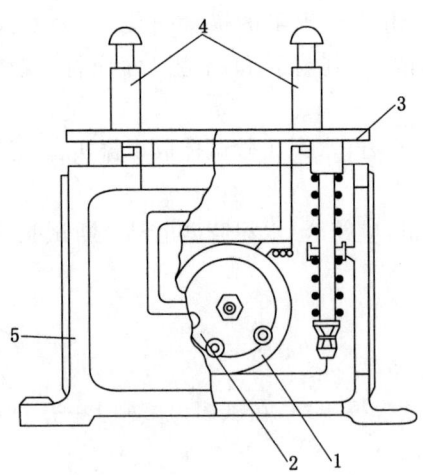

1—电机;2—偏重轮;3—台面;4—卡具;5—机座及电气控制箱。

图 2-11 胶砂振动台

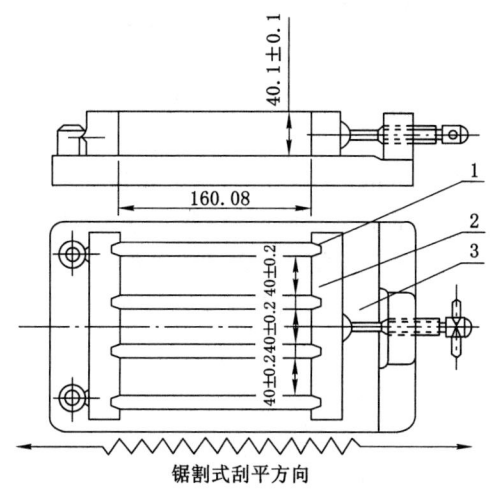

1—隔板；2—端板；3—底板。

图 2-12　水泥胶砂强度检验试模（单位：mm）

至固定位置，立即启动机器，低速搅拌 30 s；在第二个 30 s 开始均匀加砂，30 s
内加完；机器高速搅拌 30 s，停拌 90 s；从停拌开始 15 s 内用工具将叶片和锅
壁上的胶砂刮入锅中，再高速搅拌 60 s。各个搅拌阶段时间误差应在±1 s 以
内。胶砂制备后立即成型。水泥胶砂试件的尺寸为 40 mm×40 mm×
160 mm。

④ 在试模上做标记标明试件编号。

（2）水泥胶砂试件的养护

① 将成型之后的试模立即放入养护箱中养护，养护到规定的脱模时间后取
出脱模。

② 脱模前应对试体进行编号。

③ 试件脱模后即放入水槽中养护，将做好标记的试件水平或竖直放入
（20±1）℃水中养护，水平放置时刮平面应朝上。养护期间应使水与试件 6 个
面充分接触，试件之间的间隔或试体上表面的水深不得小于 5 mm。

④ 试件龄期从水泥加水搅拌开始试验时算起。

（3）水泥胶砂试件强度测试

水泥胶砂试件从水中取出后擦去试件表面沉积物，并用湿布覆盖至试验开
始为止。各龄期的试件必须在规定的时间内进行强度测试（表 2-1）。

表 2-1　不同龄期的试样强度试验时间

龄期	24 h	48 h	3 d	7 d	28 d
试验时间	±15 min	±30 min	±45 min	±2 h	±8 h

① 抗折强度试验：应以试样的侧面放入水泥强度试验机进行抗折试验，在试样放入之前清理加载装置；将试样放入抗折夹具，选取菜单"抗折强度"，加载速度为(50±10) kN/s；点击"运行"，试样折断后从杠杆上可直接读取破坏荷载和抗折强度。也可以在标尺上读取破坏荷载值。抗折强度按式(2-3)计算，精确至 0.1 N/mm²。

$$F_V = \frac{3F_p L}{2bh^2} = 0.002\ 34F_p \qquad (2-3)$$

式中　F_V——抗折强度，MPa，计算精确至 0.1 MPa。

F_p——折断时施加于棱柱体中部的荷载，N。

L——支撑圆柱中心距，L=100 mm。

b，h——试样正方形截面尺寸，均为 40 mm。

② 抗压强度试验：抗折试验后的两个断块应立即进行抗压强度试验，进行抗压强度试验时必须用抗压夹具夹紧，试样受压面尺寸为 40 mm×40 mm；试验前应清除试样的受压面与加压板间的砂粒或杂物，检验时以试样的侧面作为受压面，试样的底面靠紧夹具定位销，并使夹具对准压力机压板中心，加载速度为(2 400±200) kN/s。抗压强度按式(2-4)计算，精确至 0.1 MPa。

$$F_c = \frac{F_p}{A} = 0.000\ 625F_p \qquad (2-4)$$

式中　F_c——抗压强度，MPa。

F_p——破坏荷载，N。

A——受压面积，A=40 mm×40 mm=1 600 mm²。

③ 试验结果判定：

a. 抗折强度测定结果取 3 块试样的平均值，并取整数。若 3 个强度值中有超过平均值±10%的，应剔除后再取平均值作为抗折强度试验结果。

b. 抗压强度以一组 3 个棱柱体上得到的 6 个抗压强度测定值的算术平均值为试验结果。如果 6 个测定值中有一个超出算术平均值的±10%，应剔除这个结果，以剩下的 5 个的平均值作为结果；如果 5 个测定值中再有超过算术平均值±10%的，则此组结果作废。

2.1.6　水泥胶砂流动度测定*

2.1.6.1　试验目的与要求

硅酸盐水泥、矿渣硅酸盐水泥及指定采用本方法的其他品种水泥的胶砂流动度测定。

2.1.6.2　主要试验设备

水泥胶砂搅拌机、水泥胶砂流动度测定仪、试模(用金属材料制成,由截锥圆模和模套组成)、捣棒、卡尺、小刀等。

2.1.6.3　试验方法与步骤

(1)跳桌在试验前先进行空转,以检查各部位是否正常。

(2)制备水泥胶砂,同时用潮湿棉布擦拭桌台面、试模内壁、捣棒以及与水泥胶砂接触的用具,将试模放在跳桌台面中央,并用潮湿棉布覆盖。

(3)将拌好的水泥胶砂分两层迅速装入流动试模。第一层装至截锥圆模高度约三分之二处,用小刀在相互垂直的两个方向各划 5 次,用捣棒由边缘至中心均匀捣压 15 次。随后,装第二层胶砂,装至高出截锥圆模约 20 mm,用小刀划 10 次再用捣棒由边缘至中心均匀捣压 10 次。捣压力量应恰好足以使胶砂充满钢圆锥模。捣压深度:第一层捣至水泥胶砂高度的二分之一处,第二层捣实不超过已捣至底层表面。装水泥胶砂和捣压时,用手扶稳试模,不要使其移动。

(4)捣压完毕,取下模套,用小刀由中间向边缘分两次将高出截锥圆模的水泥胶砂刮去并抹平,擦去落在桌面上的水泥胶砂。将截锥圆模竖直向上轻轻提起,立刻启动跳桌,约每秒钟 1 次在(30±1) s 内完成 30 次跳动。

(5)跳动完毕,用卡尺测量水泥胶砂底面最大扩散直径及与其垂直的直径,计算平均值,取整数,单位为 mm,即该水量的水泥胶砂流动度。进行流动度试验时,从开始水泥胶砂拌和到测量扩散直径结束应在 5 min 内完成。

2.2　砂石骨料试验

(1)试验采用的标准

①《建筑用砂》(GB/T 14684—2011);

②《建筑用卵石、碎石》(GB/T 14685—2011);

③《普通混凝土用砂、石质量及检验方法标准》(JGJ 52—2006)。

(2)试验环境条件

实验室温度:17～25 ℃,相对湿度不低于50%。养护室温度为(20±2) ℃,相对湿度大于90%。

2.2.1 砂的表观密度试验

表观密度是指材料在自然状态下单位(表观)体积的质量。当材料内部孔隙含水时,其质量和体积均发生变化,故测定材料的表观密度时应注意其含水情况。一般情况下,表观密度是指在气干状态下的,而烘干状态下的表观密度称为干表观密度。

2.2.1.1 试验目的与要求

测定砂的表观密度,作为评定砂的材质和混凝土用砂的技术依据。熟悉一般材料表观密度的测试方法,掌握材料的基本性质。

2.2.1.2 试验仪器及设备

(1) 干燥箱(烘箱):温度能够控制在(105±5) ℃。

(2) 天平:量程为3 kg,精度为0.01 g。

(3) 容量瓶:容积为500 mL。

(4) 其他仪器:漏斗、烧杯、料勺、滴管等。

2.2.1.3 试验步骤

(1) 称取烘干试样300 g(m_0)。

(2) 选取500 mL的容量瓶,装入水至瓶颈刻度线处,塞紧瓶塞,擦干瓶内外水分,称其质量m_1(g)。

(3) 将瓶内水倒出一半,将300 g试样装入盛有半瓶水的容量瓶中,摇动容量瓶,使试样充分搅动以排除气泡,塞紧瓶塞,静置24 h。

(4) 打开瓶塞,用滴管加水使水面与瓶颈500 mL刻度线平齐。塞紧瓶塞,擦干瓶外水分,称其质量m_2(g)。

2.2.1.4 试验结果计算

按式(2-5)计算砂的表观密度ρ_0(精确至0.01 g/cm³)。

$$\rho_0 = \frac{m_0}{m_0 + m_1 - m_2}\rho_w \tag{2-5}$$

式中　ρ_w——水的密度,取1.0 g/cm³。

砂的表观密度以两次试验测定值的算术平均值作为试验结果。当两次试验的测定值之差大于0.02 g/cm³时,应重新取样进行试验。

2.2.2　砂的堆积密度与空隙试验

2.2.2.1　试验目的与要求

测定砂的堆积密度,作为混凝土用砂的技术依据。熟悉一般材料堆积密度与空隙率的测试方法,掌握材料的基本性质。

2.2.2.2　试验仪器及设备

(1) 干燥箱(烘箱):温度能够控制在(105±5) ℃。

(2) 天平:量程为 3 kg,精度为 0.01 g。

(3) 容量筒:容积为 1 L。

(4) 其他仪器:漏斗、料勺、浅盘等。

2.2.2.3　试验步骤

(1) 先称其容量筒质量 m_1(kg),将容量筒置于浅盘内的下料斗下面,使下料斗正对其中心,下料斗口距离筒口 50 mm。

(2) 用料勺将试样装入下料斗,并使其徐徐落入容量筒中直至试样装满并超出筒口为止。用直尺沿筒口中心线沿两个方向将筒上部多余的砂样刮去。称取容量筒连同砂试样的总质量 m_2(kg)。

2.2.2.4　试验结果计算

(1) 砂的堆积密度 ρ_0' 按式(2-6)计算(精确至 10 kg/m³)。

$$\rho_0' = \frac{m_2 - m_1}{V_0'} \times 1\ 000 \tag{2-6}$$

(2) 砂的空隙率 P_0' 按式(2-7)计算(精确至 1%)。

$$P_0' = \left(1 - \frac{\rho_0'}{\rho_0}\right) \times 100\% \tag{2-7}$$

式中　ρ_0——砂子的表观密度,kg/m³。

取两次试验测定值的算术平均值作为试验结果,并评定该试样的堆积密度、空隙率是否满足标准要求。

2.2.3　石子的表观密度试验

2.2.3.1　试验目的与要求

测定石子的表观密度,作为评定石子的材质和混凝土用粗骨料的技术依据。

2.2.3.2　试验设备

(1) 干燥箱(烘箱):温度能够控制在(105±5) ℃。

(2) 台秤:称量为 10 kg,感量为 10 g。

(3) 广口瓶:1 000 mL,磨口,并带玻璃片。

(4) 试验筛:孔径为 4.75 mm。

(5) 其他仪器:烧杯、滴管等。

2.2.3.3　试验步骤

(1) 将石子试样筛去 5 mm 以下颗粒,用四分法缩分至不少于 2 kg,然后洗净后分成两份备用。

(2) 取石子试样一份,浸水饱和后装入广口瓶中,装试样时广口瓶应倾斜放置。用玻璃片覆盖瓶口,上下左右摇晃以排尽气泡。

(3) 气泡排尽后先向广口瓶中注入水至水面凸出瓶口边缘,然后用玻璃片沿瓶口紧贴水面迅速滑移,使其紧贴瓶口水面。擦干瓶外水分,称取试样、水、广口瓶和玻璃片的总质量 m_1(g)。

(4) 将瓶中的试样倒入浅盘中,放在(105±5)℃烘箱中烘至恒重,取出后放在带盖的容器中冷却至室温,再称取其质量 m_0(g)。

(5) 将瓶洗干净,注入与上述水温相差不超过 2 ℃的水,用玻璃片贴紧瓶口滑行盖好,擦干瓶外水分后称取其质量 m_2(g)。

2.2.3.4　试验结果计算

按式(2-8)计算石子的表观密度 ρ_0(精确至 10 kg/m³)。

$$\rho_0 = \frac{m_0}{m_0 + m_1 - m_2}\rho_w \tag{2-8}$$

式中　ρ_w——水的密度,取 1.0 g/cm³。

　　　m_0——烘干后试样的质量,g。

　　　m_1——试样、水、广口瓶和玻璃片的总质量,g。

　　　m_2——水、广口瓶和玻璃片的总质量,g。

石子的表观密度以两次试验测定值的算术平均值作为试验结果,当两次试验的测定值之差大于 0.02 g/cm³ 时,应重新取样进行试验。

2.2.4　石子的堆积密度与空隙率试验

2.2.4.1　试验目的与要求

测定石子的堆积密度,作为混凝土用粗集料的技术依据。

2.2.4.2　试验设备

(1) 干燥箱(烘箱):温度能够控制在(105±5)℃。

（2）磅秤:称量为 50 kg,感量为 50 g。

（3）容量筒:容积为 10 L。

（4）其他容器:平口铁锹等。

2.2.4.3　试验步骤

（1）取试样一份,用平口锹铲起石子试样,使之自然落入容量筒内。此时,锹口距离筒口距离应为 50 mm 左右。装满容量筒后除去高出筒口表面的颗粒,并以合适的颗粒填入凹陷部分,使表面凸起部分和凹陷部分的体积大致相等,称取试样与容量筒的总质量 m_1(kg)。

（2）用料勺将试样装入下料斗,并使其徐徐落入容量筒中,直至试样装满并超出筒口为止。用直尺沿筒口中心线沿两个方向将筒上部多余的砂样刮去。称取容量筒连同砂试样的总质量 m_2(kg)。

2.2.4.4　试验结果计算

（1）石子的堆积密度 ρ_0' 按式(2-9)计算(精确至 10 kg/m^3)。

$$\rho_0' = \frac{m_2 - m_1}{V_0'} \times 1\ 000 \tag{2-9}$$

（2）石子的空隙率 P_0' 按式(2-10)计算(精确至 1%)。

$$P_0' = \left(1 - \frac{\rho_0'}{\rho_0}\right) \times 100\% \tag{2-10}$$

式中　ρ_0——石子的表观密度,kg/m^3。

取两次试验测定值的算术平均值作为试验结果,并评定该试样的堆积密度、空隙率是否满足标准要求。

2.2.5　砂的颗粒级配试验

2.2.5.1　试验目的与要求

测定砂的颗粒级配和细度模数,作为选择和判定混凝土用砂的技术依据。

2.2.5.2　试验设备

（1）干燥箱(烘箱):温度能够控制在(105±5) ℃。

（2）方孔筛:孔径为 4.75 mm、2.36 mm、1.18 mm、600 μm、300 μm、150 μm 筛各 1 只,并附有筛底和筛盖。

（3）摇筛机、搪瓷盘、毛刷等。

（4）天平:量程为 1 kg,精度为 0.01 g。

2.2.5.3　试验步骤

（1）试样先用孔径为 10.0 mm 的筛筛除大于 10 mm 的颗粒(算出其筛余

率),然后用四分法缩分至每份不少于 550 g 的试样两份,放在烘箱中于(105±5)℃烘至恒重,冷却至室温待用。

(2) 准确称取烘干后的试样 500 g,精确至 1 g。将孔径为 4.75 mm、2.36 mm、1.18 mm、600 μm、300 μm、150 μm 的筛子按孔径大小顺序叠置。加底盘后将试样倒入最上层 4.75 mm 孔径筛内,加盖置于摇筛机上并摇筛 10 min。

(3) 将整套筛自摇筛机上取下,按孔径从大到小逐个用手在洁净的浅盘上进行筛分。各号筛均需筛至每分钟通过量不超过试样总质量的 0.1% 时为止。通过的试样并入下一号筛中并和下一号筛中的试样一起过筛,按顺序进行,直至各号筛全部筛完为止。

(4) 试样在各筛上的筛余量不得超过式(2-11)的计算结果,否则应该将该筛的筛除试样分成两份或者数份,再次进行筛分,并以其筛余量之和作为该筛的筛余量。

$$m_r = \frac{A\sqrt{d}}{300} \qquad (2\text{-}11)$$

式中 m_r——某一筛上的筛余量,g。

d——筛孔的边长,mm。

A——筛的面积,mm²。

2.2.5.4 试验结果计算与评定

(1) 计算各筛的分计筛余百分率。其等于各号筛上筛余量除以试样总质量(精确至 0.1%)。

(2) 计算各筛的累计筛余百分率。其等于孔径不小于该号筛的各筛上的分计筛余百分率之和(精确至 0.1%),可据此绘制砂的筛分曲线。

(3) 根据各筛的累计筛余百分率,按照标准规定的级配区范围,评定该砂试样的颗粒级配是否合格。

(4) 按照式(2-12)计算砂的细度模数 M_x(精确至 0.1%)。

$$M_x = \frac{A_2 + A_3 + A_4 + A_5 + A_6 - 5A_1}{100 - A_1} \qquad (2\text{-}12)$$

式中,A_1,A_2,A_3,A_4,A_5,A_6 分别为 4.75 mm、2.36 mm、1.18 mm、0.63 mm、0.315 mm、0.15 mm 筛孔上的累计筛余百分率。

(5) 取两次试验测定值的算术平均值作为试验结果。筛分后,当每号筛上的筛余量与底盘上的筛余量之和同原试样量相差超过 1% 时需重做试验。

(6) 砂按细度模数(M_x)分为粗、中、细、特细 4 种规格,由所测细度模数按规定评定该砂样的粗细程度。

根据细度模数 M_x 将砂按下列分类:$M_x > 3.7$,为特粗砂;$M_x = 3.1 \sim 3.7$,

为粗砂；$M_x=2.3\sim3.0$，为中砂；$M_x=1.6\sim2.2$，为细纱；$M_x=0.7\sim1.5$，为特细砂。

筛分析试验结果见表 2-2。

表 2-2 筛分析试验结果

筛孔尺寸/mm	4.75	2.35	1.18	0.60	0.15	底盘
筛余量/g	m_1	m_2	m_3	m_4	m_5	m_6
分计筛余率/%	$a_1=m_1/500$	$a_2=m_2/500$	$a_3=m_3/500$	$a_4=m_4/500$	$a_5=m_5/500$	$a_6=m_6/500$
累计筛余率/%	$A_1=a_1$	$A_2=A_1+a_2$	$A_3=A_2+a_3$	$A_4=A_3+a_4$	$A_5=A_4+a_5$	$A_6=A_5+a_6$

砂的颗粒级配根据 0.60 mm 筛孔对应的累计筛余百分率 A_4，分成 I 区、II 区和 III 区 3 个级配区。级配良好的粗砂应落在 I 区；级配良好的中砂应落在 II 区；细砂则应落在 III 区。实际使用的砂颗粒级配不可能不完全符合要求，除了 4.75 mm 和 0.60 mm 对应的累计筛余率外，其余各挡允许有 5% 的超界，当某一筛挡累计筛余率超界 5% 以上时，说明砂的级配很差，视为不合格。

以累计筛余百分率为纵坐标，筛孔尺寸为横坐标，根据级配区可绘制 I、II、III 区的筛分曲线。在筛分曲线上可以直观地分析砂的颗粒级配优劣，见表 2-3，并绘制各级配区的筛分析曲线。

表 2-3 砂的级配区

累计筛余率/%	级配区		
	I	II	III
9.50 mm	0	0	0
4.75 mm	10～0	10～0	10～0
2.36 mm	35～5	25～0	15～0
1.18 mm	65～35	50～10	25～0
600 μm	85～71	70～41	40～16
300 μm	95～80	92～70	85～55
150 μm	100～90	100～90	100～90

注：1. 砂的实际颗粒级配与表中所列数字相比，除 4.75 mm 和 600 μm 筛挡外，可以略有超出，但超出总量应小于 5%。

    2. I 区人工砂中 150 μm 筛孔的累计筛余可以放宽到 85～100，II 区人工砂中 150 μm 筛孔的累计筛余可以放宽到 80～100，III 区人工砂中 150 μm 筛孔的累计筛余可以放宽到 75～100。

2.2.5.5 注意事项

（1）四分法缩取试样：用分料器直接分取或人工分取 4 等份。将取回的砂试样拌匀后摊成厚度约 20 mm 的饼状,在其上划十字线,分成大致相等的 4 份,取其对角的两份混合后再按同样的方法持续进行,直至缩分后的材料量略多于试验所需的数量为止。

(2)试验前后质量偏差:试验前后质量总计与试验前相比误差不得超过 1%,否则重新试验。

配制混凝土时宜优先选用Ⅱ区砂。当采用Ⅰ区砂时,应适当提高砂率,并保证足够的水泥用量,以保证混凝土的和易性。当采用Ⅲ区砂时,宜适当降低砂率,以保证混凝土强度。混凝土用砂应贯彻就地取材的原则,若某些地区的砂料过细、过粗或自然级配不良,可采用人工级配,即将粗、细两种砂掺配使用,应调整其粗细程度和改善颗粒级配,直到符合要求为止。

2.2.6 石子的颗粒级配试验

2.2.6.1 试验目的与要求

测定石子的颗粒级配和细度模数,作为选择和判定混凝土用粗集料的技术依据。

2.2.6.2 试验设备

(1)干燥箱(烘箱):温度能够控制在(105±5) ℃。

(2)方孔筛:孔径为 2.36 mm、4.75 mm、9.50 mm、16.0 mm、19.0 mm、26.5 mm、31.5 mm、37.5 mm、53.0 mm、63.0 mm、75.0 mm 及 90.0 mm 筛各 1 只,并附有筛底和筛盖。

(3)摇筛机、搪瓷盘、毛刷等。

(4)天平:精度为 1 g。

2.2.6.3 试验步骤

(1)称取按表 2-4 规定数量的试样一份,放在烘箱中(105±5) ℃下烘至恒重,冷却至室温待用,称取干燥粗集料试样的总质量,准确至 1%,将试样倒入按孔径大小从上到下组合,加盖置于摇筛机上摇筛 10 min。

表 2-4 颗粒级配试验所需试样数量

最大粒径/mm	9.5	16.0	19.0	26.5	31.5	37.5	63.0	75.0
最小试样质量/kg	1.9	3.2	3.8	5.0	6.3	7.5	12.6	16.0

(2)将整套筛自摇筛机上取下,按孔径从大到小逐个用手在洁净的浅盘上进行筛分。各号筛均必须筛至每分钟通过量不超过试样总质量的 0.1% 为止。

通过的试样并入下一号筛中并和下一号筛中的试样一起过筛,按这样的顺序进行,直至各号筛全部筛完为止。

（3）如果某个筛上的集料过多,影响筛分作业时,可以分两次筛分,当筛余颗粒的粒径大于 19.00 mm 时,在筛分过程中允许用手指拨动颗粒。

（4）称取各号筛的筛余量,精确至总质量的 0.1%,试样在各号筛上的筛余量和筛底上剩余量的总量与筛分前后的试验总量相差不得超过后者的 1%。

（5）试样在各筛上的筛余量不得超过式(2-13)的计算结果,否则应该将该筛的筛除试样分成两份或者数份,再进行筛分,并以其筛余量之和作为该筛的筛余量:

$$m_r = \frac{A\sqrt{d}}{300} \tag{2-13}$$

式中　m_r——某一筛上的筛余量,g。

　　　d——筛孔的边长,mm。

　　　A——筛的面积,mm^2。

2.2.6.4　试验结果计算与评定

（1）计算各筛的分计筛余百分率,其等于各号筛上筛余量除以试样总质量（精确至 0.1%）。

（2）计算各筛的累计筛余百分率,其等于孔径不小于该号筛的各筛上的分计筛余百分率之和（精确至 0.1%）,可据此绘制砂的筛分曲线。

（3）根据各筛的累计筛余百分率,按照标准规定的级配区范围,评定该试样的颗粒级配是否合格。

（4）取两次试验测定值的算术平均值作为试验结果。筛分后,当每号筛上的筛余量与底盘上的筛余量之和同原试样总量相差超过 1% 时必须重做试验。

2.2.7　石子的压碎指标值试验

2.2.7.1　试验目的与适用范围

石子的压碎指标值用于衡量石子在逐渐增加的荷载作用下抵抗压碎的能力。

2.2.7.2　主要试验设备

压力试验机、压碎值测定仪、垫棒、天平、方孔筛等。

2.2.7.3　试验方法与步骤

（1）将石料试样风干。筛除大于 19.0 mm 及小于 9.5 mm 的颗粒,并除去针片状颗粒。

（2）称取 3 份试样，每份 3 000 g(m_1)，精确至 1 g。

（3）将试样分两层装入圆模，每装完一层试样后在底盘下垫 ϕ10 mm 垫棒，将筒盖住，左右交替颠击地面各 25 次，平整模内试样表面，盖上压头。

（4）将压碎值测定仪放在压力机上，按 1 kN/s 速度均匀地施加荷载至 200 kN，稳定 5 s 后卸载。

（5）取出试样，用 2.36 mm 的筛筛除被破碎的细粒，称取筛余质量(m_2)，精确至 1 g。

2.2.7.4　试验结果计算与评定

压碎指标值按式(2-14)计算，精确至 0.1%。

$$Q_\epsilon = \frac{m_1 - m_2}{m_1} \times 100\% \tag{2-14}$$

式中　Q_ϵ——压碎指标值；

m_1——试样的质量，g；

m_2——压碎试验后筛余的质量，g。

2.3　钢筋试验

（1）试验采用的标准

①《金属材料 拉伸试验 第 1 部分:室温试验方法》(GB/T 228.1—2010)。

②《金属材料 弯曲试验方法》(GB/T 232—2010)。

③《钢筋混凝土用钢 第 1 部分:热轧光圆钢筋》(GB/T 1499.1—2017)。

④《钢筋混凝土用钢 第 2 部分:热轧带肋钢筋》(GB/T 1499.2—2018)。

（2）一般规定

① 钢筋混凝土用热轧钢筋,同一公称直径和同一炉罐号组成的钢筋应分批检查和验收,每批质量不大于 60 t。

② 钢筋应有出场证明或试验报告单,验收时应抽样进行拉伸试验和冷弯试验。钢筋使用中如有脆断、焊接性能不良或力学性能显著不正常等情况,还应进行化学成分分析。验收时包括尺寸、表面及质量偏差等检验项目。

③ 钢筋拉伸及冷弯使用的试样不允许进行车削加工。试验应在(20±10)℃的温度下进行,否则应在报告中注明。

④ 验收取样时,自每批钢筋中任取两根截取拉伸试样,任取两根截取冷弯试样。在拉伸试验的试件中若有一根试件的屈服点、抗拉强度和伸长率三个指标中有一个达不到标准中的规定值,或冷弯试验中有一根试件不符合标准要求,则在同一批钢筋中再取双倍数量的试件进行该不合格项目的复验,复验结果中

只要有一个指标不合格,则该试验项目判定为不合格,整批不得交货。

⑤ 拉伸试件和冷弯试件的长度为 L,分别按下式计算后截取。

拉伸试件:

$$L = L_0 + 2h + 2h_1 \tag{2-15}$$

冷弯试件:

$$L_w = 5a + 150 \tag{2-16}$$

式中　L,L_w——拉伸试件和冷弯试件的长度,mm。

　　　　L_0——拉伸试件的标距,$L_0 = 5a$ 或 $L_0 = 10a$,mm。

　　　　h,h_1——夹具长度和预留长度,$h_1 = (0.5\sim1)a$,mm。

　　　　a——钢筋的公称直径,mm。

2.3.1　钢筋拉伸试验

2.3.1.1　试验目的

通过试验测定钢筋的屈服点、抗拉强度和伸长率,评定钢筋的质量。

2.3.1.2　主要仪器设备

(1)万能材料试验机:示值误差不大于 1%。量程的选择:试验中达到最大荷载时,指针最好在第三象限(180°～270°)内,或者数显破坏荷载为量程的 50%～75%。

(2)钢筋打点机或划线机、游标卡尺等。

2.3.1.3　试样制备

拉伸试验用钢筋试件不得进行车削加工,可以用两个或一系列等分小冲点或细划线标出试件原始标距,测量标距长度 L_0,精确至 0.1 mm。根据钢筋的公称直径按表 2-5 选取公称横截面面积。

表 2-5　钢筋的公称横截面面积

公称直径/mm	公称横截面面积/mm²	公称直径/mm	公称横截面面积/mm²
8	50.27	22	380.1
10	78.54	25	490.9
12	113.1	28	615.8
14	153.9	32	804.2
16	201.1	36	1 018
18	254.5	40	1 257
20	314.2	50	1 964

2.3.1.4 试验步骤

（1）将试件上端固定在试验机上夹具内，调整试验机零点，装好描绘器、纸、笔等，再用下夹具固定试件下端。

（2）启动试验机进行拉伸，拉伸速度：屈服前应力增加速度为 10 MPa/s。屈服后试验机活动夹头在荷载作用下移动速度不大于 $0.5\,L_c$/min（不经车削试件 $L_c=L_0+2h_1$），直至试件被拉断。

（3）拉伸过程中，测力盘指针停止转动时的恒定荷载或第一次回转时的最小荷载，即屈服强度 F_s(N)。向试件继续加载直至试件被拉断，读取最大荷载 F_b(N)。

（4）测量试件拉断后的标距长度 L_1。

2.3.1.5 试验结果计算与评定

（1）屈服点的强度按式(2-17)计算。

$$\sigma_s = \frac{F_s}{A} \tag{2-17}$$

式中　σ_s——屈服强度，MPa。

　　　F_s——屈服点荷载，N。

　　　A——试件的公称横截面面积，mm^2。

（2）向试件连续施荷直至试件被拉断，由试验机得出最大荷载 F_b。试件的抗拉强度按式(2-18)计算。

$$\sigma_b = \frac{F_b}{A} \tag{2-18}$$

式中　σ_b——抗拉强度，MPa。

　　　F_b——最大荷载，N。

　　　A——试件的公称横截面面积，mm^2。

（3）伸长率按式(2-19)计算。

$$\delta_{10}(\delta_5) = \frac{L_1 - L_0}{L_0} \times 100\% \tag{2-19}$$

式中　δ_{10},δ_5——$l_0=10a$ 和 $l_0=5a$ 时的伸长率（a 为试件原始直径）。

　　　L_0——原标距长度 $10a(5a)$，mm。

　　　L_1——试件拉断后直接量取或按位移法确定的标距部分的长度，mm（精确至 0.1 mm）。

若试件在标距端点上或标距外断裂，则试验结果无效，应重做试验。

当 σ_s 和 σ_b 大于 1 000 MPa 时，计算至 10 MPa，按"四舍六入五单双法"修

约；当 σ_s 和 σ_b 为 $200\sim1\,000$ MPa 时，计算至 5 MPa，按"二五进位法"修约；当 σ_s 和 σ_b 小于 200 MPa 时，计算至 1 MPa，按"四舍六入五单双法"处理。

2.3.2　钢筋冷弯性能试验

2.3.2.1　试验目的

通过冷弯试验，对钢筋塑性进行严格检验，间接检定钢筋内部的缺陷及可焊性。

2.3.2.2　主要仪器设备

（1）万能材料试验机：示值误差不大于 1%。量程的选择：试验中达到最大荷载时指针最好在第三象限（180°～270°）内，或者数显破坏荷载为量程的 50%～75%。

（2）弯曲装置、游标卡尺、支撑辊等。

2.3.2.3　试样制备

钢筋冷弯构件不得进行车削加工，试件长度 $\approx 5a+150$（mm）（a 为试件原始直径）。

2.3.2.4　试验步骤

（1）根据钢材等级选择弯心直径和弯曲角度。

（2）根据试样尺寸直接选择压头和调整支撑辊间距，将试样放在试验机上。

（3）启动试验机加荷弯曲试样达到规定的弯曲角度。试验应在平稳压力作用下缓缓施加试验力，两支撑辊间距离为 $(d+2.5a)\pm0.5a$，并且在过程中不允许有变化；试验应在 $10\sim35$ ℃ 环境下进行，在控制条件下试验应在 (23 ± 5) ℃ 环境下进行。

2.3.2.5　试验结果评定

（1）弯曲后，按有关标准规定检查试样弯曲外表面，进行结果评定。若无裂纹、裂缝或裂断，则评定试样合格。冷弯性能试验后弯曲外侧表面，如无裂纹、断裂或起层，判为合格。做冷弯性能试验的两根试件中，如果有一根试件不合格，可取双倍数量试件重新做冷弯性能试验，第二次冷弯性能试验中如果仍有一根不合格，判定该批钢筋为不合格品。

（2）根据试验结果和相关标准，评价钢材力学性能。

第3章 综合型试验

3.1 普通混凝土的基本性能试验

普通混凝土的基本性能试验主要包括混凝土拌合物的和易性试验,拌合物表观密度试验、混凝土立方体强度试验等,是建筑工程中混凝土的基本性能试验。

(1)试验依据

①《普通混凝土拌合物性能试验方法标准》(GB/T 50080—2016)。

②《普通混凝土配合比设计规程》(JGJ 55—2011)。

(2)试验要求

① 试验用原材料应提前运入室内,拌和混凝土时实验室温度应保持在(20±5)℃。

② 砂石骨料用量以饱和面干状态或干燥状态时的用量为基准。

③ 实验室拌制混凝土时的材料用量以质量计。称量的精度:骨料为±1%,水、水泥和外加剂为±0.5%。

④ 混凝土部分的有关试验应根据混凝土配合比设计的内容,结合工程实例进行,即按设计好的混凝土配合比进行混凝土的性能试验。

⑤ 本方法适用于集料最大粒径不大于 40 mm、坍落度不小于 10 mm 的混凝土拌合物稠度的测定。

3.1.1 混凝土拌制及和易性试验

3.1.1.1 试验目的与要求

通过测定混凝土拌合物的流动性,观察其黏聚性和保水性,综合评定混凝土的和易性,作为调整配合比和控制混凝土质量的依据。

3.1.1.2 主要仪器设备

(1)台秤:量程为 50 kg,精度为 5 g。

(2)标准坍落度筒及捣棒(图 3-1):坍落度筒为金属制圆锥体筒,底部内径为 200 mm,顶部内径为 100 mm,高度为 300 mm,内径不小于 1.5 mm。捣棒尺寸约为 16 mm×600 mm。

(3)拌板、铁锹、盛器、抹刀、钢直尺等。

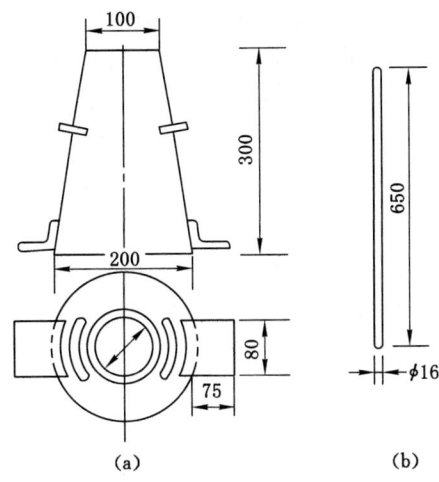

图 3-1 坍落度筒及捣棒(单位:mm)

3.1.1.3 试验步骤

(1)人工拌和法

将拌板、铁锹等搅拌工具和标准坍落度筒润湿,按砂、水泥、石子、水的投放顺序,先把砂和水泥在拌板上干拌均匀,再加石子干拌成均匀的干混合物。将干混合物堆成堆,其中间做一凹槽,将已称量好的水倒入一半左右于凹槽内,仔细翻拌、铲切,并徐徐加入另一半剩余的水,继续翻拌、铲切,直至拌和均匀。从加水至搅拌均匀的时间控制参考值:拌合物体积小于 30 mL 时为 4~5 min;拌合物体积为 30~50 L 时为 5~9 min;拌合物体积为 50~70 L 时为 9~12 min。

(2)和易性测定

① 将湿润后的标准坍落度筒放在不吸水的刚性水平底板上,然后用脚踩住两边的脚踏板,使标准坍落度筒在装料时保持位置固定。

② 将已拌匀的混凝土试样用小铲装入坍落度筒内,数量控制在插捣后层厚为筒高的 1/3 左右。每层用捣棒插捣 25 次,插捣应沿螺旋方向由外向内进行,各次插捣的插捣点在截面上均匀分布。插捣筒边混凝土时,捣棒可以稍微倾斜;插捣底层时,捣棒应贯穿整个深度;插捣第二层和顶层时,捣棒应插透本层至下

一层的表面以下。

③ 插捣顶层时,应将混凝土灌满并高出标准坍落度筒,如果插捣使拌合物沉落到低于筒口,应随时添加混凝土使之高于标准坍落度筒筒顶;插捣完毕,用捣棒将筒顶搓平,刮去多余的混凝土。

④ 清理筒周边的散落物,小心地竖直提起标准坍落度筒,特别要注意平稳,不让混凝土试体受到碰撞或振动,筒体的提离过程应在 5~10 s 内完成。从开始装料于筒内到提起标准坍落度筒的操作不得间断,并在 150 s 内完成。

⑤ 将标准坍落度筒安放在拌合物试体一侧(注意将坍落度筒安放在处于同一水平面的平板上),立即测量筒顶与坍落后拌合物试体最高点之间的高度差,以 mm 表示,此即该混凝土拌合物的坍落度值。

⑥ 保水性目测:提起标准坍落度筒后,如有较多稀浆从底部析出,试体则因失浆而使集料外露,表示该混凝土拌合物保水性能不好。若无此现象,或仅有少量稀浆自底部析出,而锥体部分混凝土试件含浆饱满,则表示其保水性良好,并记录。

⑦ 黏聚性目测:用捣棒在已坍落的混凝土锥体一侧轻轻敲打,锥体渐渐下沉表示黏聚性良好;反之,锥体突然倒塌,部分崩裂或发生石子离析,表示黏聚性不好,并记录。

⑧ 和易性调整:按计算结果备料的同时,还需要备好两份调整坍落度所需的材料,该材料数量应是计算试拌材料用量的 5% 或 10%。

若测得的坍落度值小于施工要求的坍落度值,可在保持水灰比不变的同时,增加 5% 或 10% 的水泥和水用量。若测得的坍落度值大于施工要求的坍落度值,可在保持砂率不变的同时增加 5% 或 10% 的砂石用量。若黏聚性、保水性不好,则需要适当调整砂率,并尽快将混凝土拌合物拌和均匀,重新测定,直到其和易性符合要求为止。

3.1.1.4 测定结果

(1)混凝土拌合物坍落度以 mm 为单位,测量精确至 1 mm。

(2)混凝土拌合物和易性评定,应按试验测定值和试验目测情况综合评议。其中坍落度至少要测定两次,并以两次测定值之差不大于 20 mm 的测定值为依据,求得的算术平均值作为本次试验的测定结果。

(3)记录调整前后拌合物的坍落度、保水性、黏聚性以及各材料的实际用量,并以和易性符合要求后的各材料用量为依据,对混凝土配合比进行调整,求基准配合比。

3.1.2　混凝土拌合物表观密度试验

3.1.2.1　试验目的与要求

测定混凝土捣实后单位体积的质量,作为调整混凝土配合比的依据。

3.1.2.2　试验设备

容量筒、台秤、振动台、铲刀等。

3.1.2.3　试验步骤

(1) 用湿布将容量筒内外擦净,称其质量 m_1。

(2) 将拌合物一次装入容量筒,稍加振捣,并使其稍高于筒口,再移至振动台上振实至拌合物表面出现水泥浆为止。

(3) 用金属直尺沿筒口将捣实后多余的拌合物刮去,仔细擦干净筒外壁,再称取容量筒和筒内拌合物的总质量 m_2。

3.1.2.4　试验结果

混凝土拌合物表观密度按式(3-1)计算。

$$\rho_{b,c} = \frac{m_2 - m_1}{V_0} \times 1\,000 \tag{3-1}$$

式中　V_0——容量筒的容积,L;

　　　m_1——容量筒的质量,kg;

　　　m_2——容量筒和试样的总质量,kg。

3.1.3　混凝土拌合物堆积密度试验

3.1.3.1　试验目的与要求

测定混凝土拌合物的堆积密度,用以计算每立方米混凝土的材料用量和含气量。

3.1.3.2　主要试验设备

容量筒、振实设备(振动台、振动棒、钢制捣棒)、磅秤、玻璃板等。

3.1.3.3　试验方法与步骤

(1) 称干的容量筒和玻璃板的总质量 m_1。在筒中加满水,将玻璃板沿筒顶面水平推过去,使玻璃板下没有空气泡。将外面擦干后称量。两次称量结果相减除以水的密度 1 即得到圆筒的体积 $V(L)$。

(2) 将拌好的混凝土装入容量筒内进行捣实。捣实完毕用抹刀刮平,将外面擦干净,包括玻璃板一起称质量 m,精确至 0.1 kg。

3.1.3.4　试验结果计算

混凝土拌合物堆积密度按式(3-2)计算:

$$\rho_{d} = \frac{m - m_{1}}{V} \tag{3-2}$$

式中　ρ_{d}——混凝土拌合物堆积密度,kg/m^3。

　　　m——容量筒、混凝土和玻璃板总质量,kg。

　　　m_{1}——容量筒和玻璃板质量,kg。

　　　V——容量筒容积,L。

以两次试验结果的算术平均值作为测定值。

3.2　普通混凝土力学性能试验

(1)试验依据

①《混凝土物理力学性能试验方法标准》(GB/T 50081—2019)。

②《混凝土强度检验评定标准》(GB/T 50107—2010)。

(2)试验要求

① 试验用原材料应提前运入室内,拌和混凝土时实验室温度应保持在(20±5)℃。

② 混凝土养护室温度应保持在(20±2)℃,相对湿度大于95%。

3.2.1　普通混凝土抗压强度试验

3.2.1.1　试验目的与要求

测定混凝土立方体的抗压强度,作为确定混凝土强度等级和调整配合比的依据。

3.2.1.2　试验设备

(1)压力试验机或万能试验机:测量精度为±1%,试验时由构件最大荷载选择量程,使试件破坏时的荷载为全量程的20%~80%。

(2)混凝土标准试模:尺寸为150 mm×150 mm×150 mm。

(3)钢板、振动台、捣棒、养护箱等。

3.2.1.3　试验步骤

(1)将成型后的试件用不透水的薄膜覆盖表面,防止水分蒸发,并在室温(20±5)℃环境中静置1~2 d,脱模并给试件编号。

(2)拆模后的试件立即移入标准养护室进行养护,置于养护室内支架上的试件的间距应保持 10～20 mm,并避免水流直接冲刷试件表面。

(3) 将养护到一定龄期的混凝土试件从养护室取出,并应尽快进行试验。

(4) 将试件表面擦干净,测量其尺寸,并观察其外观,试件测量尺寸精确至 1 mm,据此计算试件的承压面积 A_1。如果实测尺寸与公称尺寸之差不超过 1 mm,可按公称尺寸进行计算。试件承压面的不平度应为每 100 mm 长不超过 0.05 mm,承压面与相邻面垂直偏差应不超过 ±1°。

(5) 将试件安放在试验机的下压板上,试件的承压面应与成型时的顶面垂直。试件的中心应与试验机下压板中心对齐。

(6) 启动试验机,当上压板与试件接近时,调整球座,使接触平衡。

(7) 应连续、均匀地加载。当混凝土强度等级低于 C30 时,加载速度为 0.3～0.5 MPa/s;混凝土强度等级大于或等于 C30 时,加载速度为 0.5～0.8 MPa/s,最后记录破坏荷载 F_1。

3.2.1.4　试验结果计算

试件的抗压强度 F_{cu} 按式(3-3)计算(计算结果精确至 0.1 MPa)。

$$F_{cu} = \frac{F_1}{A_1} \qquad (3-3)$$

式中　F_1——破坏荷载,N。

　　　　A_1——试件承压面积,mm²。

混凝土立方体抗压强度应按下述规定确定:

(1) 以 3 个试件测算的算术平均值作为该组混凝土立方体抗压强度(计算结果精确至 0.1 MPa)。

(2) 3 个测值中若有偏差过大的数值,按《混凝土物理力学性能试验方法标准》(GB/T 50081—2019)规定的取舍原则处理:如果 3 个测值中的最大值或最小值中有一个与中间值的差超过中间值的 15%,则把最大值和最小值一并舍去,取中间值作为该组试件的抗压强度;如果最大值、最小值中与中间值的差均超过中间值的 15%,则该组试件的试验结果无效。

(3) 混凝土强度等级低于 C60 时,用非标准试件测得强度值均应乘以尺寸换算系数,其值为:对于 200 mm×200 mm×200 mm 试件,为 1.05;对于 100 mm×100 mm×100 mm 试件,为 0.95。当混凝土强度等级高于 C60 时,宜采用标准试件。使用非标准试件时,尺寸换算系数应由试验确定。

3.2.2　普通混凝土劈裂抗拉试验

3.2.2.1　试验目的与要求

测定混凝土立方体的抗拉性能,作为确定混凝土强度等级和调整配合比的依据。

3.2.2.2 试验设备

（1）压力试验机或万能试验机：测量精度为±1%，试验时由构件最大荷载选择量程，使试件破坏时的荷载为全量程的20%～80%。

（2）混凝土标准试模：尺寸为150 mm×150 mm×150 mm。

（3）钢垫板、钢板、振动台、捣棒、养护箱等。

3.2.2.3 试验步骤

（1）从养护室将混凝土试件取出，将试件表面水分擦干，并将上、下压板表面擦干净。

（2）测量试件的劈裂面边长（精确至1 mm），计算出劈裂面面积。

（3）将试件放在压力试验机下压板的中心位置，劈裂承压面和劈裂面与试件成型时的顶面垂直。在上、下压板与试件之间垫以圆弧形垫板及垫块（图3-2）各一块，垫块与垫条应与试件上、下面的中心线对准，并与成型时的顶面垂直，或者可以把垫条及试件安装在定位架（图3-3）上使用。

（4）启动压力试验机，应连续且均匀地加载。当混凝土强度等级低于C30时，加载速度为0.02～0.05 MPa/s；当混凝土强度等级大于等于C30时，加载速度为0.05～0.08 MPa/s，最后记录破坏荷载，精确至0.01 kN。

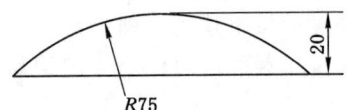

图3-2　垫块尺寸（单位：mm）

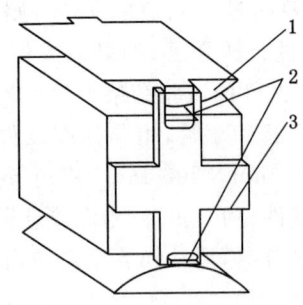

1—垫块；2—垫条；3—支架。

图3-3　定位架示意图

3.2.2.4　试验结果计算

试件的劈裂抗拉强度 F_1 按式(3-4)计算(精确至 0.01 MPa)。

$$F_1 = \frac{0.637F}{A} \tag{3-4}$$

式中　F——极限破坏荷载,N。

　　　A——劈裂面面积,mm^2。

以 3 个试件劈裂抗拉强度测定值的算术平均值作为该组混凝土劈裂抗拉强度试验结果。抗拉强度的异常数据的取舍与抗压强度的相同。

第4章 创新型试验

4.1 普通混凝土与钢筋握裹强度试验

混凝土的握裹强度是表示混凝土抵抗钢筋滑移能力的物理量,等于滑移力除以握裹面积。

4.1.1 试验目的与要求

比较不同混凝土与相同钢筋之间握裹力的大小。

4.1.2 试验设备

混凝土试件夹头、千分表、量表固定架、万能试验机等。

4.1.3 试验方法与步骤

(1) 试验用螺纹钢筋性能应符合《钢筋混凝土用钢 第2部分:热轧带肋钢筋》(GB/T 1499.2—2018)的规定,其计算直径为20 mm(内径为18 mm,外径为22 mm)。为了具有足够的长度可供万能试验机夹持和装置量表,一般长度可取500 mm。成型前钢筋应用钢丝刷刷干净,并用丙酮擦拭,不得有铁屑和油污存在。钢筋的自由端顶面应光滑平整,并与试模预留凹洞吻合。在确有必要时,也可以改用直径为20 mm的光圆钢筋。

(2) 混凝土试件的拌和应按立方体抗压强度试验的规定执行,对每一个试验龄期制作6个试件。

(3) 试件从养护地点取出以后,将试件擦拭干净,检查外观,应及时进行试验。试件不得有明显缺损或钢筋松动、歪斜。

(4) 将试件套上中心有孔洞的垫板,然后装入已安装在万能试验机上的试验夹头中,使万能试验机的下夹头将试件的钢筋夹牢。

(5) 在试件上安装量表固定架,并装上千分表,使千分表杆尖端竖直朝下,与略伸出混凝土试件表面的钢筋顶面接触。

（6）加载前应检查千分表量杆与钢筋顶面接触是否良好，千分表是否灵活，并适当调整。

（7）记下千分表的初始读数后启动万能试验机，以不超过每秒 400 N 的加载速度拉拔钢筋。每加一定荷载(1 000～5 000 N)，记录相应的千分表读数。

（8）到达下列任意一种情况时应停止加载：

① 钢筋达到屈服点。

② 混凝土破裂。

③ 钢筋已从混凝土中被拔出。

4.1.4　试验结果计算

（1）将各级荷载作用下的千分表读数减去初始读数，即得到该级荷载作用下的滑动变形。

（2）当采用螺纹钢筋时，以 6 个试件滑动变形的算术平均值绘出荷载-滑动变形关系曲线，以荷载为纵坐标，滑动变形为横坐标。取滑动变形 0.01 mm、0.05 mm 及 0.10 mm，在曲线上查出相应的荷载，此三级荷载的算术平均值除以钢筋埋入混凝土中的表面积，即得到握裹强度。

（3）当采用光面钢筋时，可取 6 个试件拔出试验时最大荷载的算术平均值除以钢筋埋入混凝土中的表面积，即得到握裹强度。

4.2　普通混凝土静力受压弹性模量试验

在弹性极限范围内，材料应力与应变的比值称为弹性模量。弹性模量是实际工程中有关混凝土和钢筋之间应力分布和预应力损失等计算的重要参数。

4.2.1　试验目的与要求

掌握《混凝土物理力学性能试验方法标准》(GB/T 50081—2019)及《混凝土强度检验评定标准》(GB/T 50107—2010)中混凝土静力弹性模量的试验方法，为结构变形计算提供依据。

4.2.2　试验设备

变形测量仪表、万能试验机等。

4.2.3　试验方法与步骤

（1）试件从养护地点取出以后，将试件擦拭干净，检查外观，应及时进行试验。

（2）每次试验应制备 6 个试件：取 3 个试件按规定测定轴心抗压强度，另 3 个试件做弹性模量试验。

（3）将测量变形的仪表安装在试件成型时两侧面的中线上，并在试件两端的中心位置。标准试件的测量标距 L 采用 150 mm，非标准试件的测量标距不应大于试件高度的 1/2，也不应小于 100 mm 或骨料最大粒径的 3 倍。

（4）试件上安好仪表后，应仔细调整它在试验机上的位置，使其中心与下压板的中心对准。启动压力机，加载速度为：当混凝土强度等级低于 C30 时，取每秒钟 $0.3 \sim 0.5$ N/mm^2；当混凝土强度等级大于或等于 C30 时，以每秒钟 $0.5 \sim 0.8$ N/mm^2 的速度连续均匀地加载到轴心抗压强度的 0.4 倍，即达到弹性模量试验的控制荷载值。然后以同样的速度卸载至零。如此反复预压 3 次。

（5）预压后，加载至基准应力 0.5 MPa 的初始荷载 F_0，保持恒载 60 s 并在之后的 30 s 内记录每个测点的变形系数 ε_0。应立即连续均匀地加载至应力为轴心抗压强度 F_{cp} 的 1/3 的荷载值 F_a，保持恒载 60 s，并在之后的 30 s 内记录每一测点的变形读数 ε_a。当以上这些变形值之差与平均值之比大于 20% 时，应重新对中试件然后重复试验。如果无法使其低于 20%，则此次试验无效。

（6）在确认试件符合规定后，按上述速度卸载至 0.5 MPa（F_0），恒载 60 s。然后用同样的方法进行加载和卸载，以及 60 s 的保持恒载（F_0 及 F_a）。至少进行两次反复预压。在最后一次预压完成后，在基准应力 0.5 MPa（F_0）下持荷 60 s，并在之后的 30 s 内记录每个测点的变形系数 ε_0。再用同样的加载速度加载至 F_a，保持 60 s，并在之后的 30 s 内记录每一个测点的变形读数 ε_a。

（7）卸除变形测量仪，以同样速度加载至破坏，取得轴心抗压强度 F_{cp}'。

4.2.4 试验结果计算

（1）混凝土的弹性模量按式(4-1)计算。

$$E_c = \frac{F_a - F_0}{A} \cdot \frac{L}{\Delta n} \tag{4-1}$$

式中　E_c——混凝土的弹性模量，MPa。

　　　F_a——应力为 $\frac{1}{3} f_{cp}$ 时的荷载，N。

　　　F_0——应力为 0.5 MPa 时的初始荷载，N。

　　　A——试件承压面积，mm^2。

　　　Δn——最后一次加载时试件两侧在 F_a 与 F_0 荷载作用下变形差的平均值，$\Delta n = \varepsilon_a - \varepsilon_0$，mm。

L——测点标距,mm。

(2)弹性模量按 3 个试件测试值的算术平均值计算,如果其中一个试件的轴心抗压强度与算术平均值之差超过 20%,则弹性模量值应按其余两个试件测试值的算术平均值计算;如果有两个值超过此规定,则试验结果无效。

4.3　普通混凝土抗冻性能试验方法

检验混凝土抗冻性能时,主要的试验方法有快冻法、盐冻法和慢冻法 3 种,目前我国主要采用慢冻法和快冻法。

4.3.1　慢冻法

4.3.1.1　试验目的与要求

本方法适用于测定混凝土试件在气冻水融条件下,以经受的冻融循环次数来表示混凝土抗冻性能。

4.3.1.2　主要仪器设备

冻融试验箱或自动冻融设备、天平、温度传感器、压力试验机。

4.3.1.3　试验方法及步骤

(1)在标准养护室或同条件养护的冻融试验的试件,应在养护龄期为 24 d 时提前取出,随后将其放置在(20±2)℃的水中浸泡,浸泡时要求水面高出试件顶面 20～30 mm,浸泡 4 d 后至 28 d 龄期时进行冻融试验。

(2)到达 28 d 龄期后将试件取出,用湿布擦除试件表面水分,然后将试件放置在试件架内。

(3)冷冻时间应在冻融箱内温度降至 −18 ℃ 时开始计算。每次从装完试件到温度降至 −18 ℃ 时所需的时间应控制在 1.5～2 h。冻融箱内温度在冷冻时应保持在 −20～−18 ℃。每次冻融循环过程中试件的冷冻时间不应短于 4 h。

(4)冷冻结束后应立即加入 18～20 ℃ 的水,使试件融化,加水时间不应超过 10 min。

(5)每 25 次冻融循环后宜进行外观检查。当严重破坏时,应立即进行称重。当一组试件的平均质量损失率超过 5% 时可停止冻融循环试验。

(6)试件在规定的冻融循环次数后,应称重并进行外观检查,记录表面破损、裂缝及边角缺损情况。对比试件继续原条件养护,当冻融循环结束后,与冻融循环试件同时进行抗压强度试验。

（7）当出现以下情况之一时，可停止试验：

① 已达到规定的循环次数。

② 抗压强度损失率已达到 25％。

③ 质量损失率已达到 5％。

4.3.1.4 试验结果及判定

（1）强度损失率

$$\Delta F_c = \frac{F_{c0} - F_{cn}}{F_{c0}} \times 100\% \qquad (4\text{-}2)$$

式中 ΔF_c——n 次冻融循环后混凝土抗压强度损失率。

F_{c0}——对比用的一组混凝土试件抗压强度测定值，MPa。

F_{cn}——经 n 次冻融循环后的一组混凝土试件抗压强度测定值，MPa。

（2）质量损失率

$$\Delta W_m = \frac{W_{m0} - w_{mn}}{W_{m0}} \times 100\% \qquad (4\text{-}3)$$

式中 ΔW_m——n 次冻融循环后混凝土质量损失率。

W_{m0}——对比用的一组混凝土的质量，g。

W_{mn}——经 n 次冻融循环后的一组混凝土试件的质量，g。

每组试件的平均质量损失率应以 3 个试件的质量损失率的算术平均值来表示。当某个试验结果出现负值，应取 0，再求算术平均值。当 3 个试件中最大值或最小值与中间值的差超过中间值的 1％时，应剔除此值，再取其余两个值的算术平均值作为该组试件的测定值。当 3 个试件中最大值或最小值与中间值的差均超过中间值的 1％时，应取中间值作为该组试件的测定值。

混凝土抗冻标号应以抗压强度损失率不超过 25％或者质量损失率不超过 5％时的最大冻融循环次数表示。

4.3.2 快冻法

4.3.2.1 主要仪器设备

试件盒、快速冻融装置、天平、温度传感器等。

4.3.2.2 试验方法及步骤

（1）在标准养护室或同条件下养护的冻融试验用的试件，应在养护龄期为 24 d 时提前取出，随后放置在（20±2）℃的水中浸泡，浸泡时要求水面高出试件顶面 20～30 mm，浸泡 4 d 后至 28 d 龄期时进行冻融试验。

（2）到达 28 d 龄期后将试件取出，用湿布擦除试件表面水分，然后称取试件初始质量和横向初始基频。

（3）将试件放在试件盒内，试件应放置在中心位置。然后将试件盒放入冻融箱内的试件架中，并向试件盒中加入清水。在整个试验过程中，盒内水位高度始终至少高于试件顶面 5 mm。

（4）冻融循环过程应符合下列规定：

① 每次冻融循环过程应在 2～4 h 内完成，且融化时间不得少于冻融时间的 1/4。② 在冷冻和融化过程中，试件中心最低温度和最高温度应分别控制在（-18±2）℃和（5±2）℃，任何时刻试件中心温度不得高于 7 ℃，且不得低于-20 ℃。③ 每块试件从 3 ℃降至-16 ℃所用的时间不得少于冷冻时间的 1/2，每块试件从-16 ℃至 3 ℃所需时间不得少于整个融化时间的 1/2，试件内外的温差不宜超过 28 ℃。④ 冷冻和融化之间的转换不宜超过 10 min。

（5）每隔 25 次冻融循环测量试件的横向基频，测试前应擦干表面水分并测量试件质量。测完之后应迅速将试件调头并重新放入试件盒内，加入清水，继续试验。

（6）当冻融循环出现以下情况之一时可停止试验：

① 已达到规定的循环次数。

② 试件的动弹性模量下降到 60%。

③ 质量损失率已达到 5%。

4.3.2.3　试验结果及处理

质量损失的计算公式与慢冻法相同。相对动弹性模量（P）的计算公式如下：

$$P = \frac{F_n^2}{F_0^2} \times 100\% \tag{4-4}$$

式中　P——相对动弹性模量。

F_n^2——n 次冻融循环后试件的横向基频，Hz。

F_0^2——冻融循环前试件的横向基频，Hz。

混凝土抗冻等级应以相对动弹性模量下降至不低于 60% 或质量损失率不超过 5% 时最大冻融循环次数来表示。

4.4　混凝土中钢筋锈蚀试验

4.4.1　试验目的

钢材在水、空气或其他侵蚀介质中，经化学反应会生成氧化铁或者其他化合物，致使钢材由表及里逐层剥落而造成破坏。为了检验钢筋是否被介质侵蚀，特制定钢筋锈蚀试验方法。本方法适用于测定在给定条件下混凝土中钢筋的锈蚀程度,以对比不同混凝土对钢筋的保护作用,不适用于在侵蚀性介质中使用的混凝土内钢筋锈蚀试验。

4.4.2 试验条件与适用范围

混凝土中钢筋锈蚀试验应采用 $100~mm \times 100~mm \times 300~mm$ 棱柱体试件,以 3 个试件为一组,适用于骨料最大粒径不超过 30 mm 的混凝土。试件中埋置的钢筋用直径为 6 mm 的普通低碳钢热轧盘条制成,其表面不得有锈坑及其他严重缺陷。每根钢筋长度为(299 ± 1) mm。用砂轮将其一端磨出长约 30 mm 的平面,用钢字打上标记,然后用盐酸溶液酸洗,经清水漂净后用石灰水中和,再用清水清洗干净,擦干后在干燥器中至少存放 4 h,然后称取每根钢筋的初始质量(精确至 0.001 g),存放在干燥器中备用。

试件成型前将套有定位板的钢筋放入试模,定位板应紧贴试模的两个端板。为防止试模上的隔离剂玷污钢筋,安放后用丙酮擦净钢筋表面。

试件成型 1～2 d 后编号拆模,然后用钢丝刷将试件两个端部混凝土刷毛,用 1:2 水泥砂浆抹上 20 mm 厚的保护层,就地潮湿养护(或用塑料薄膜盖好)一昼夜,移入标准养护室养护。

4.4.3 主要试验设备

混凝土碳化试验装置、钢筋定位板、天平等。

4.4.4 试验方法与步骤

(1) 进行钢筋锈蚀试验之前试件应先碳化,碳化一般在 28 d 龄期时开始,采用掺合料的混凝土可根据其特性决定碳化前的养护龄期。

碳化应在二氧化碳浓度为$(20 \pm 3)\%$、相对湿度为$(70 \pm 5)\%$、温度为(20 ± 5) ℃的条件下进行,碳化时间为 28 d。

(2) 试件碳化处理后再移入标准养护室养护。在养护室中,试件间隔的距离不应小于 50 mm,并应避免试件直接淋水。在潮湿条件下存放 56 d 后取出,破型,先测得碳化深度,然后进行钢筋锈蚀程度的测定。

(3) 取出试件中的钢筋,刮去钢筋上粘附的混凝土,用盐酸溶液酸洗,经清水漂净后用石灰水中和,最后用清水冲洗干净。擦干后在干燥容器中至少存放 4 h,用天平称重(精确至 0.001 g),计算锈蚀失重率。

4.4.5　试验结果计算

钢筋锈蚀的失重率按式(4-5)计算。

$$l_w = \frac{g_0 - g}{g_0} \times 100\%$$ (4-5)

式中　l_w——钢筋锈蚀质量损失率;

　　　g_0——钢筋未锈蚀前的质量,g。

　　　g——钢筋锈蚀后的质量,g。

4.5　混凝土拌合物泌水性能试验

4.5.1　试验目的与适用范围

检验混凝土拌合物在固体组分沉降过程中水分离析的趋势,也适用于评定外加剂的品质和混凝土配合比的适用性。

4.5.2　主要试验设备

圆筒、振实设备(振动台、振动棒、钢制捣棒)、磅秤、带盖量筒、小铁铲、抹刀等。

4.5.3　试验方法与步骤

(1)先把附着在圆筒内外壁的混凝土残渣清理干净,然后用湿布把圆筒内壁润湿(不得积水),称取空筒质量 G_1。

(2)将拌好的混凝土装入圆筒,进行捣实。捣实完毕用抹刀将顶面轻轻抹平,不得用力挤压试样。试样顶面比筒的顶边低 4 cm 左右。

(3)将筒外壁和边缘擦干净,称取筒与试样的总质量 G_2,然后将筒静置于平地上并加盖,以防止水分蒸发。

(4)自抹面完毕时起开始计算泌水时间。在开始 1 h 内每隔 20 min 吸水一次,1 h 后每隔 30 min 吸水一次。用吸液管吸取混凝土拌合物表面泌出的水,注入带盖量筒,加盖并记录泌出的水分体积,精确至 1 mL。试验进行到混凝土表面不再泌水为止。

4.5.4　试验结果计算

混凝土泌水率用全部泌出水的质量占混凝土试样中所含水的质量的百分率

表示。混凝土拌合物的泌水率按式(4-6)计算。

$$P_i = \frac{V_i}{W_m} \times 100\%$$ (4-6)

式中 P_i——由抹面完毕算起 t 小时泌水率。

V_i——相应的 t 小时累计泌水量,mL。

W_m——混凝土中水量,mL。

混凝土中水量 W_m 可按式(4-7)计算。

$$W_m = (G_2 - G_1)\frac{\dfrac{W}{C}}{1 + \dfrac{S}{C} + \dfrac{G}{C} + \dfrac{W}{C}}$$ (4-7)

式中 G_2——圆筒和试样总质量,g。

G_1——圆筒质量,g。

S/C——拌合物砂灰比。

G/C——拌合物中石灰比。

W/C——拌合物中水灰比。

4.6 普通混凝土碳化试验

4.6.1 试验目的与适用范围

碳化是碳酸化的简称,是指 CO_2 参与反应产生碳酸盐的过程。粉煤灰等硅酸盐混凝土中水化硅酸钙受大气中 CO_2 的作用而分解,发生碳化水缩,出现裂缝并且强度降低。与此同时,游离 $Ca(OH)_2$ 因碳化作用而膨胀,其强度得到提高。一般来说,硅酸盐混凝土中水化硅酸钙的碱度大、结晶度高,有适量的游离 $Ca(OH)_2$,混凝土的密实度大,耐碳化性能高。硅酸盐混凝土的耐碳化性能通常用碳化系数表示。

进行普通混凝土碳化试验的目的是测定在一定浓度的二氧化碳气体介质中混凝土试件的碳化程度,以评定该混凝土的抗碳化能力。

4.6.2 试件

碳化试验应采用棱柱体试件,3块为一组,无棱柱体试件时可以用立方体试件代替,但是其数量应相应增加。

试件一般在 28 d 龄期时进行碳化,采用掺合料混凝土,可根据其特性决定碳化前的养护龄期。碳化试验的试件宜采用标准养护,但是应在试验前 2 d 从标准养护室取出,然后在 60 ℃温度下烘干 48 h。

经烘干处理后的试件,除留下一个或相对的两个侧面外,其余表面应用加热的石蜡予以密封。在侧面上顺长度方向用铅笔以 10 mm 间距画出平行线,以预定碳化深度的测量点。

4.6.3　主要试验设备

碳化箱、气体分析仪、二氧化碳供气装置等。

4.6.4　试验方法与步骤

(1) 将经过处理的试件放入碳化箱内的铁架上,各试件经受碳化的表面之间的间距应不小于 50 mm。

(2) 将碳化箱盖严密封。密封可以采用机械方法或油封,但不得采用水封,以免影响箱内的湿度调节。开动箱内气体对流装置,徐徐充入二氧化碳,并测定箱内的二氧化碳浓度,逐步调节二氧化碳流量,使箱内的二氧化碳浓度保持在(20±3)%。在整个试验期间可用去湿装置或放入硅胶,使箱内的相对湿度控制在(70±5)%范围内。碳化试验应在(20±5)℃温度下进行。

(3) 每隔一定时期对箱内的二氧化碳浓度、温度及湿度进行一次测定。一般在第一、二天每隔 2 h 测定 1 次,以后每隔 4 h 测定 1 次,并根据所测得的二氧化碳浓度随时调节流量。去湿用的硅胶应经常更换。

(4) 碳化到了 3 d、7 d、14 d、28 d 各取出试件,破型以测定其碳化深度。棱柱体试件在压力试验机上用劈裂法从一端开始破型。每次切除的厚度约为试件宽度的一半,用石蜡将破型后试件的断面封好,再放入箱内继续碳化,直到下一个试验期。如采用立方体试件,则在试件中部劈开。立方体试件只做一次检验,劈开后不再放回碳化箱重复使用。

(5) 将切除所得的试件部分刮去断面上残存的粉末,随即喷上(或滴上)浓度为 1%的酚酞酒精(含 20%的蒸馏水)。30 s 后按原先标划的每 10 mm 1 个测量点用钢板尺分别测出两侧面各点的碳化深度。如果测点处的碳化分界线上刚好嵌有粗骨料颗粒,则可取该颗粒两侧碳化深度的平均值作为该点的碳化深度值。碳化深度精确至 1 mm。

4.6.5　碳化深度计算

混凝土各试验龄期时的平均碳化深度应按式(4-8)计算,精确至 0.1 mm。

$$d_t = \frac{\sum_{i=1}^{N} d_i}{n} \qquad (4\text{-}8)$$

式中　d_t——试件碳化 t d 后的平均碳化深度,mm。

　　　d_i——两个侧面上各测点的碳化深度,mm。

　　　n——两个侧面上的测点总数。

以在标准条件下[二氧化碳浓度为(20±3)％、温度为(20±5)℃、相对湿度为(70％±5％)]的 3 个试件碳化 28 d 的碳化深度平均值作为供相互对比用的混凝土碳化值,以此值来对比各种混凝土的抗碳化能力和对钢筋的保护作用。

4.7　石料单轴抗压强度试验

4.7.1　试验目的与适用范围

石料单轴抗压强度是石料标准试件吸水饱和后,在单向受压状态下破坏时的抗压强度,可以根据单轴抗压强度等技术指标进行岩石分级。

4.7.2　主要试验设备

压力试验机、锯石机或钻石机、磨平机、游标卡尺等。

4.7.3　试验方法与步骤

(1) 用锯石机(或钻石机)从岩石试样(或岩芯)中制取边长为 50 mm 的正方体或直径与高度均为 50 mm 的圆柱形试件,每 6 个试件为一组。

(2) 用游标卡尺测定试件尺寸(精确至 0.1 mm),对于立方体试件在顶面和底面上各量取其边长,以各个面上相互平行的两个边长的算术平均值计算面积。对于圆柱体试件,在顶面和底面上各量取相互正交的两个直径,以其算术平均值计算面积。

(3) 将试件泡水 48 h,水的深度高出试件 20 mm 以上。

(4) 取出试件,擦干表面,放在压力机上进行试验,加载速度为 0.5～1 MPa/s。

4.7.4　试件的抗压强度计算

试件的抗压强度按式(4-9)计算。

$$R = \frac{P}{A} \qquad (4\text{-}9)$$

式中　R——抗压强度,MPa。

　　　P——极限破坏荷载,N。

　　　A——试件的截面面积,mm^2。

4.8　钢筋的疲劳试验

4.8.1　试验目的与适用范围

本方法适用于钢筋焊接接头在常温下的轴向拉伸疲劳试验。试验目的是测定和检验钢筋焊接接头在确定应力比和应力循环次数下的条件疲劳极限。

4.8.2　主要试验设备

(1)采用的轴向疲劳试验机应符合下列要求:

① 试验机的静荷载示值误差不大于±1%。

② 在连续试验 10 h 内,荷载振幅示值波动度不大于使用荷载满量程的±2%。

③ 试验机应具有安全控制和应力循环数自动记录等装置。

(2)在试件的整个试验期间,最大的和最小的疲劳荷载以及循环频率应保持恒定。疲劳荷载的偶然变化不得超过初始值的 5%,时间不得超过试件循环次数的 2%。

4.8.3　试件制备

(1)试件的长度一般不得小于疲劳受试区(包括焊缝和母材)与两个夹持部分长度之和。受试区长度不宜小于 500 mm。当试验机不能适应上述试件长度时,应在报告中注明试件的实际长度。高频疲劳试件的长度根据试验机的具体条件确定。

(2)应仔细检查试件的外观,不得有气孔、烧伤、压伤、咬边等焊接缺陷。试件的中心线应为一条直线。

(3)为避免试件断于夹持部分,可对夹持部分采取下列措施:

① 对夹持部分进行冷作强化处理。

② 采用与钢筋外形相适应的钢模套。

③ 采用与钢筋直径相适应的带有环形内槽的钢模套,并灌注环氧树脂。

4.8.4 试验数据记录及试验处理

在钢筋焊接接头疲劳试验过程中应及时记录各项原始数据。试验结束时提交试验报告。

第二部分　土木工程结构试验

　　土木工程结构试验是指在试验对象(梁、板、柱等结构构件,子结构或者结构模型)上,采用各种试验技术手段,使用各种测试设备,量测不同作用(荷载、地震、温度、变形等)下与试验对象工作性能有关的各种参数(力、变形、应力、应变、裂缝、振幅、频率),从强度、刚度、稳定性和试验对象的实际破坏形态来判断其实际工作性能,评估其承载能力,确定试验对象对规范和使用要求的符合程度,为工程设计过程中结构优化及使用安全性、可靠性评估提供依据,并用以检验和发展结构设计和计算理论。本部分主要以静载试验为主,主要介绍结构静载试验的程序、方法和主要仪器设备等内容。

第 5 章　试验准备及数据处理

5.1　试验准备工作

5.1.1　试件准备

在设计制作时应考虑试件安装和加载量测的需要,在试件上进行必要的构造处理,如钢筋混凝土试件支撑点预埋钢垫板,局部截面加强加设分布筋等。平面结构侧向稳定支撑点的配件安装,倾斜面加载处增设凸肩以及吊环等,都不要疏漏。

试件制作工艺必须严格按照相应的施工规范进行,并详细记录。按要求留足材料力学性能试验试件,并及时编号。

在试验之前,应按设计图纸仔细检查、测量试件各部分实际尺寸、构造情况、施工质量、存在缺陷(如混凝土的蜂窝麻面、裂缝,钢结构的焊缝缺陷、锈蚀等)、结构变形和安装质量,钢筋混凝土试件还应检查钢筋位置、保护层厚度和钢筋锈蚀情况等。这些情况都将对试验结果产生重要影响,应详细记录。

检查试件之后进行表面处理,例如去除或修补一些不利于试验观测的缺陷,钢筋混凝土表面的刷白、分区划格,目的是便于观测裂缝,准确地定位裂缝;记录裂缝的产生和发展过程以及描述试件的破坏形态。观测裂缝的区格尺寸一般为 5~20 cm,必要时可整体缩小或局部缩小。

5.1.2　材料物理力学性能测定

材料的物理力学性能指标,对结构性能具有直接影响,是结构计算的重要依据。试验中的荷载分级,试验结构的承载能力和工作状况的判断与估计,试验后数据处理与分析等,都需要在正式试验之前对结构材料的实际物理力学性能进行测定。物理力学性能通常有强度、变形性能、弹性模量、泊松比、应力-应变关系等。

测定的方法有直接测定法和间接测定法两种。直接测定法是指将制作试件时预留的试件,按有关标准的方法在材料试验机上测定。间接测定法是指通常采用非破损试验法,即用专门仪器对结构或构件进行试验,确定与材料有关的物理量,推算出材料性质参数,而不破坏结构、构件。

5.1.3 场地准备与试件安装

5.1.3.1 场地准备

在试件进场之前试验场地应予以清理和安排,包括水、电、交通和清除杂物,集中安排试验中使用的物品。必要时,应做场地平面设计,架设或准备好试验中的防风、防雨和防晒设施,避免对荷载和量测造成影响。现场试验的支撑点下的地板承载力应经局部验算和处理,下沉量不宜太大,保证结构作用力的正确传递和试验工作顺利进行。

5.1.3.2 试件安装

按照试验大纲的规定和试件设计要求,在各项准备工作就绪后即可将试件安装到位。保证试件在试验全过程中都能按照规定模拟条件工作,避免因安装错误而产生附加应力或出现安全事故,是安装就位的核心问题。

(1)简支结构的两个支点应在同一水平面上,高差不宜超过试件跨度的1/50;支座、支墩和台座之间应密合稳固,因此常采用砂浆填缝处理。

(2)超静定结构,包括四边支承板和四角支承板应保持均匀接触,最好采用可调支座。若带支座反力测力计,应调节至该支座所承受的试件重力为止,也可以采用砂浆或湿砂调节。

(3)扭转试件安装时应注意扭转中心与支座转动中心一致,可用加钢垫板等调节。

(4)嵌固支撑,应上紧夹具,不得有任何松动或滑移。

(5)卧位试验,试件应平放在水平滚轴或平车上,以减小试验时试件产生水平位移时产生的摩擦阻力,同时也防止试件侧向下挠曲。

试件吊装时,应防止平面结构平面外弯曲、扭曲等变形发生,细长杆件的吊点应适当加密,避免弯曲过大;钢筋混凝土结构在吊装就位过程中应保证不产生裂缝,尤其是抗裂试验结构,必要时应附加夹具,提高试件刚度。

5.1.4 试验数据估算与量测仪表安装

5.1.4.1 试验数据估算

根据材料性能试验数据和设计计算图示,计算出各个荷载阶段的荷载值和各个特征部位的内力、变形值等,供试验时控制与比较。

确保试件在加载设备的有效荷载范围内完成试验,防止试件承载力过高,超过设备加载力而不能加载到破坏阶段,造成试验失败。

这是避免试验盲目性的一项重要工作,对试验与分析都具有重要意义。

5.1.4.2 量测仪表安装

试验所用的加载设备和量测仪表,试验前应进行检查、修整和必要的标定,且保证达到试验的精度要求。标定必须有报告,以供资料整理或使用过程中修正。

加载设备的安装,应根据加载设备的特点按照大纲设计的要求进行。有的在试件就位之前就安装到位,如作动器、竖向千斤顶等,有的与试件就位同时进行,如支承机构。量测设备大多数在构件就位后安装。要求设备安装固定牢靠,保证荷载模拟正确和试验安全。

仪表安装位置按观测设计确定。安装后应及时把仪表号、测点号、位置和连续仪器上的通道号一并记入记录表。调试过程中如有变更,记录也应及时做相应改动,以防止混淆,影响后期试验数据处理和分析。接触式仪表还应有保护措施,例如加带悬挂或扎丝,以防止振动掉落损坏。

5.2 加载与测量方案

5.2.1 加载方案

制订试验的加载方案是一项复杂的工作,涉及研究目的、试件类型、空间位置、加载图式及加载制度。应在达到试验目的的前提下做到试验技术合理、经济和安全。加载图式与结构类型和研究目的有关,本节主要讨论加载制度。

加载制度又称为加载程序,是指试验期间荷载与时间的关系。一般结构静载试验的加载程序分为预加载、正式加载和卸载三个阶段。

5.2.1.1 预加载

在正式试验前对结构预加载的目的是:

(1) 使试验结构的各支点进入正常工作状态。在试件制造、安装等过程中节点和结合部位难免有缝隙,预加载可使其闭合。对于装配式钢筋混凝土结构,经过若干次预加载才能使荷载与变形关系趋于稳定。

(2) 检查加载设备工作是否正常,加载装置是否安全可靠。

(3) 检查测试仪表是否都已经进入正常工作状态。认真检查仪表的安装质量、读数和量程是否满足试验要求,自动记录系统运转是否正常等。

（4）使试验工作人员熟悉自己的任务，掌握调表、读数等操作方法，保证采集的数据正确无误。

对于开裂较早的普通钢筋混凝土结构，预加载的荷载量不宜超过开裂荷载的 70%（含自重），以保证在正式试验时能得到首次开裂的荷载值。预加载一般分为三级加载，2～3 级卸完。

5.2.1.2　正式加载

（1）荷载分级：荷载分级的目的，一方面是控制加载速度，另一方面是便于观察结构变形情况，为读取各种试验数据提供所必需的时间。

分级方法应考虑能得到比较准确的承载力试验荷载值、开裂荷载值和正常使用状态的试验荷载值及其相应的变形。例如在达到正常使用极限状态以前，以正常使用短期试验荷载值为准，每级加载量一般不宜超过 20%（含自重）；接近正常使用极限状态时，每级加载量减小至 10%；对于钢筋混凝土或预应力混凝土构件，达到 90% 开裂试验荷载之后，每级加载量不宜大于 5% 使用状态短期试验荷载值；开裂后可以恢复正常加载程序。对于检验性试验，加载接近承载力检验荷载时，每级荷载不宜大于 5% 的承载力检验荷载值。对于研究性试验，加载到 90% 承载力试验荷载计算值之后，每级加载量不宜大于 5%。试验荷载一般按 20% 左右为一级，即按五级左右进行加载。

（2）级间歇时间：级间歇时间包括开始加载至加载完毕的时间 t_0 和级间停留时间 t_1，总时间 $t_0 + t_1$ 即级间歇时间。级间停留时间 t_1 主要取决于结构变形是否已得到充分发展，尤其是混凝土结构，由于材料的塑性性能和裂缝开展，需要一定时间才能完成内力重分布，否则将得到偏小的变形值，并导致偏高的极限荷载值，影响试验的准确性。根据以往经验和有关规定，混凝土结构的级间停留时间不得少于 10～15 min，钢结构取 10 min，砌体和木结构也可以参照执行。

（3）满载时间：结构的变形和裂缝是结构刚度的重要指标。在进行钢筋混凝土结构的变形和裂缝宽度试验时，在正常使用极限状态短期试验荷载作用下的持续时间不应少于 30 min，钢结构也不宜少于 30 min，拱或砌体为 30 min 的 6 倍。对于预应力混凝土构件，满载 30 min 后加载至开裂，然后在开裂荷载作用下再持续 30 min（检验性构件不受此限制）。

对于采用新材料、新工艺、新结构形式的结构构件，或跨度较大（大于 12 m）的屋架、桁架等结构构件，为了确保使用期间的安全，要求在正常使用极限状态短期试验荷载作用下的持续时间不宜少于 12 h，在这段时间内变形继续增长而无稳定趋势时，还应延长持续时间直至变形发展稳定为止。如果试验荷载达到开裂荷载计算值时，试验结构已经出现裂缝，则开裂试验荷载时不必持续作用。

（4）空载时间：持荷结构卸载后到下一次重新开始加载时的间歇时间。

空载对于研究性试验是完全有必要的。完全卸载后,宜经过一定空载时间再测定结构的残余变形、残余裂缝、最大裂缝宽度等,以考察结构的恢复性能。对于一般构件取 1 h,对新型结构和跨度较大的试件取 12 h,也可以根据需要确定。

5.2.1.3　卸载

若构件只进行刚度、抗裂或裂缝宽度检验,或间断加载试验,或预加载,完成后均需要卸载。卸载一般可以按荷载级距进行,也可以放大 1~2 倍进行。

5.2.2　测量方案

制订观测方案需要预估结构在试验荷载作用下的受力性能和可能发生的破坏形状。观测方案的内容主要包括:确定观察和测量的项目、选定观测区域、布置测点及根据安装量测精度要求选择仪表和设备等。

5.2.2.1　观测项目

结构在外荷载作用下的变形可以分为两类:一类反映结构整体工作状况,如梁的最大挠度及其整体变形;拱式结构和框架结构的最大水平位移、竖向位移;杆、塔结构的整体水平位移及基础转动等。另一类反映结构局部工作状况,如局部纤维应变、裂缝以及局部挤压变形等。

结构整体变形是观察的重要项目之一。结构的异常变形或局部破坏会在整体变形中得到反映,不仅可以反映结构的刚度变化,还可以反映结构弹性和非弹性性质,如图 5-1 所示的内力和挠度曲线,曲线有明显的开裂点、屈服点、极限点和破坏点,把整个受力过程分为弹性、弹塑性和塑性三个阶段。

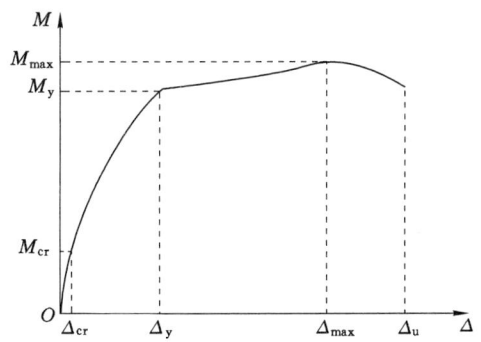

图 5-1　钢筋混凝土梁的弯矩-挠度关系曲线

钢筋混凝土结构何时出现裂缝,可直接说明其抗裂性能;控制截面上的应变大小和方向反映了结构的应力状态,是结构极限承载力计算的主要依据。当结构处于弹塑性阶段时,其应变、曲率、转角或位移的量测结果都是用于判定结构延性的主要依据。

5.2.2.2 测区选择与测点布置

测点必须具有代表性。由所选测点的数据应能够得到结构的受力状态。通常选择结构受力最大的部位布置局部变形测点。简单构件往往只有一个受力最大的部位,如简支梁的跨中部位和悬臂梁的支座部位。超静定结构的支座部位、上下弦杆、直腹杆和斜腹杆等部位受力最大。

测点的数量和范围应根据具体情况确定。一般而言,在满足试验目的的前提下,测点宜少不宜多,以便突出测试重点。但是另一方面,结构静载试验多数为破坏性试验,大型结构试验的试件制作、加载设备的安装、试验的组织等花费大量的人力物力,当然又希望在试验中多布置一些测点,尽可能多地获取试验数据。

为了保证测试数据的可靠性,应布置一定数量的校核性测点,防止偶然因素导致测点数据失效。如果条件容许,宜在已知参数的部位布置校核性测点,以便校核测点数据和测试系统的工作状态。

5.2.2.3 仪表选择与测度原则

(1)试验中选用的仪器仪表必须能够满足观测所需的精度与量程。测量数据的精度可以与结构设计和分析的数据保持在同一水准,不必盲目追求高精度的测试手段。因为精密的测量仪器对使用条件和环境一般有更高的要求,那样会增加了测试的复杂程度。测试仪器应有足够的量程,尽量避免因仪器设备量程不足而在试验过程中重新安装调整。

(2)现场或室外试验时,由于仪器所处条件和环境复杂,影响因素较多,电测方法的适应性不如机测方法。但是测点较多时,电测方法的处理能力更强。在现场试验或实验室内进行结构试验时,可优先考虑采用先进的测试仪器,现代测试仪器具有自动采集、存贮测试数据的功能,可加快试验进程,减少测试过程中的人为错误。

(3)为了消除试验观测误差,可以选择控制测点或校核测点,采用两种不同的测试方法对比测试。

仪表测试应按一定时间间隔同步进行,以准确反映结构在某一受力状态下的工作情况;每次记录数据时,应同时记录周围气象条件;对重要数据,应一边记录一边整理,算出每级荷载作用下的级差,并与理论预估值进行比较,如有异常及时查找原因,调整试验方案。

5.3　测量数据整理

测量数据包括准备阶段和正式试验阶段采集到的全部数据。其中一部分是对试验起控制作用的数据，如最大挠度控制点，最大侧向位移控制点，控制截面上的钢筋应变屈服点及混凝土极限拉、压应变等。这一类起控制作用的参数应在试验过程中及时整理，以便指导整个试验。其他大量测试数据的整理分析工作一般在试验后进行。

对实测数据整理，一般均应算出各级荷载作用下仪表读数的递增值和累计值，必要时还应换算和修正，然后用曲线图或图表表达。

在原始记录数据的整理过程中，应特别注意读数及读数差值的反常情况，如仪表指示值与理论计算值相差很大，甚至有正负号颠倒的情况，这时应对这些现象的规律性进行分析，并判断其原因。一般可能的原因有两个方面：一方面由于试验结构自身产生裂缝、节点松动、支座沉降或局部应力达到屈服而引起数据突变；另一方面可能是测试仪表工作不正常所造成的。凡是不属于差错或主观造成的仪表读数突变都不能轻易舍弃，待以后分析时再判断处理。

常用数据分析有挠度、截面内力、主应力等。

5.3.1　挠度

5.3.1.1　简支构件的挠度

构件的挠度是指构件自身的绝对挠度。由于试验时受到支座沉降、构件自重和加荷设备、加荷图式及预应力反拱的影响，需要修正然后才能得到构件受荷后的真实挠度，修正后的挠度计算公式如下：

$$a_s^0 = (a_q^0 + a_g^c)\Psi \tag{5-1}$$

式中　a_q^0——消除支座沉降后的跨中挠度实测值。

a_g^c——构件自重和加载设备重力产生的跨中挠度值。

$$a_g^c = \frac{m_g}{m_b}a_b^0 \quad 或 \quad a_g^c = \frac{F_g}{F_b}a_b^0$$

m_g——构件自重和加载设备自重产生的跨中弯矩值；

m_b, a_b^0——外加试验荷载开始至构件出现裂缝前一级荷载的加载值产生的跨中弯矩值和跨中挠度实测值；

Ψ——用等效集中荷载代替均布荷载时的加载图式修正系数。

由于仪表初读数是在试件和试验装置安装后读取的，加载后量测的挠度值未包括自重引起的挠度,因此在构件挠度值中应加上构件自重和设备自重产生的挠度 a_g^c,a_g^c 的值可近似认为构件在开裂前处于弹性工作阶段,弯矩-挠度为线性关系。

若等效集中荷载的加载图式不符合表 5-1 所列图式时,则应根据内力图形用图乘法或积分法求出挠度,并与均布荷载作用下的挠度比较,从而求出加载图式修正系数 Ψ。

表 5-1　加载图式修正系数

名称	加载图式	修正系数 Ψ
均布荷载		1.0
2 个集中力,4 分点,等效荷载		0.91
2 个集中力,3 分点,等效荷载		0.98
4 个集中力,8 分点,等效荷载		0.99
8 个集中力,16 分点,等效荷载		1.0

对于预应力钢筋混凝土结构,由于混凝土产生了预压作用使结构产生反拱,构件越长,反拱值越大,因此实测挠度中应扣除预应力反拱值 a_p,可写为:

$$a_{s,p}^0 = (a_q^0 + a_g^c - a_p)\,\Psi \qquad (5\text{-}2)$$

式中　a_p——预应力反拱值，对于研究性试验取实测值 a_q^0，对检验性试验取计算值 a_g^c，不考虑超张拉对反拱的增大作用。

上述修正方法的基本假设是构件的刚度 EI 为常数。对于钢筋混凝土构件，裂缝出现后各截面的刚度为变量，仍按上述图式修正将产生一定误差。

5.3.1.2　悬臂构件的挠度

将在各级荷载作用下取得的读数，按一定的坐标系绘制成曲线，这样既能充分表达其内在规律，也有助于进一步用统计方法得到数学表达式。

适当选择坐标系将有助于确切地表达试验结果。直角坐标系只能表示两个变量之间的关系。有时会遇到因变量不止两个的情况，这时可采用"无量纲变量"作为坐标来表达。例如，为了验证钢筋混凝土矩形单筋受弯构件正截面的极限弯矩，需要进行大量的试验研究，而每一个试件的含钢量[$\rho = A_s/(bh_0)$]、混凝土强度等级、截面形状和尺寸都有差别，若以每一个构件的实测极限弯矩 M_u^0 和计算极限弯矩 M_u^c 逐个比较，就无法反映一般规律。但若将纵坐标改为无量纲变量，以 $M_u/(f_c bh_0^2)$ 表示，横坐标分别以 $\rho f_y/f_c$ 和 σ_s/f_y 表示，则即使对于截面相差较大的梁，也能反映其共同的变化规律。

$$M_u = A_s f_y \left(h_0 - \frac{A_s s_y}{2b\alpha_1 f_c} \right) \tag{5-3}$$

5.3.2　荷载-变形关系曲线

荷载-变形关系曲线包括结构构件的整体变形曲线、控制节点或截面上的荷载-转角关系曲线、铰支座和滑动支座的荷载-侧移关系曲线以及荷载-挠度关系曲线等。

变形稳定的快慢程度与结构材料和结构形式等有关。如果变形不能稳定，说明结构可能破坏，比如钢结构的局部构件达到塑性或开裂，或者是钢筋混凝土结构的钢筋发生滑动、拉断等，具体应根据实际情况分析。

如图 5-2 所示荷载-变形关系曲线有三种基本形状：直线 1 表示结构在弹性范围内工作。钢结构在设计荷载内的荷载变形曲线属于此种形状；曲线 2 表示结构处于弹塑性工作状态，如钢筋混凝土结构在出现裂缝或局部破坏时，就会在曲线上形成转折点（A 点和 B 点），结构内接头和节点的顺从性也会出现转折现象；曲线 3 一般属于异常现象，其原因可能是仪器观测时产生错误，也可能是邻近构件、支架参与了工作，分担了荷载，而到加载后期这一影响越来越严重，单跨整体式钢筋混凝土结构经受多次加载后会出现这种现象。钢筋混凝土结构卸载时的恢复过程也是这种曲线形式。

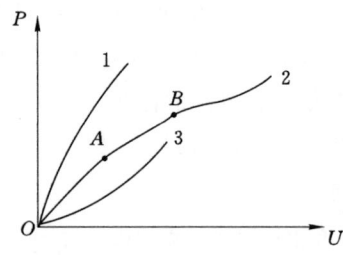

图 5-2　荷载-变形关系曲线

5.3.3　荷载-应变关系曲线

荷载-应变关系曲线是以荷载为纵轴和以应变为横轴的曲线图,应变一般选在控制截面或者某一关键点,由荷载-应变关系曲线可知荷载作用下试件内部应力的变化规律。

另一种荷载-应变关系曲线的形式是选取某一截面上若干点,将每个点在各级荷载作用下的应变绘出,再将每级荷载作用下各点应变连接,即截面应变分布曲线,可得到荷载作用下试件截面中和轴移动情况和应变分布规律。图 5-3 为钢筋混凝土梁受弯构件的荷载-应变关系曲线。图中:

测点 1——位于受压区,应变增长基本呈直线。

测点 2——位于受拉区,混凝土开裂较早,所以突变点较低。

测点 3、4——在主筋处,混凝土开裂稍后,所以突变点稍高;主筋测点 4 处在钢筋应力达到流限时,其曲线发生第二次突变。

测点 5——靠近截面中部,先受压力后过渡到受拉力,混凝土受拉区开裂后中和轴位置上移引起突变。

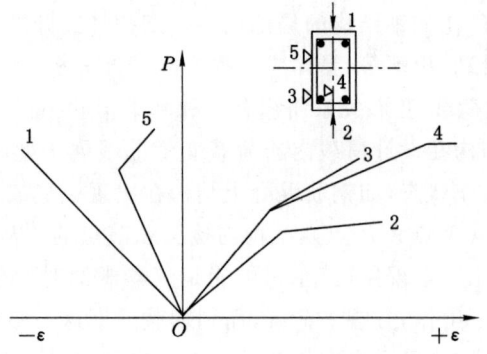

图 5-3　荷载-应变关系曲线

荷载-应变关系曲线可以显示荷载与应变的内在关系,以及应变随荷载增长而呈现的规律性变化。

5.3.4　截面应变图的绘制

图 5-4 所示为钢筋混凝土梁受弯构件的截面应变图。一般选取内力最大的控制截面绘制,按照一定的比例,将某一级荷载作用下沿截面高度各测点的应变值连接起来。

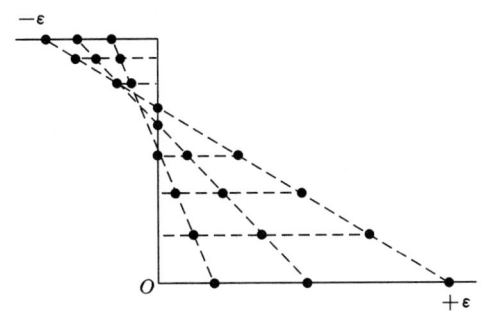

图 5-4　截面应变图

根据截面应变图可以了解应变沿截面高度方向的分布规律和变化过程,以及中和轴移动情况等,可以在求得应力(弹性材料根据实测应变和弹性模量求应力,非弹性材料根据应力-应变关系曲线求应力)的条件下,算出受压区和受拉区的合力值及其作用位置,算出截面弯矩或轴力。

5.3.5　构件裂缝及破坏特征图

试验过程中,应在构件上画出裂缝开展过程,并标注出现裂缝时的荷载等级及裂缝的走向和宽度。试验结束后,用方格纸按比例描绘裂缝和破坏特征,必要时应照相记录。

裂缝测量主要包括测定开裂荷载、位置,描述裂缝的发展和分布以及测量裂缝的宽度与深度。钢筋混凝土梁试验经常需要测定其抗裂性能,因此要事先估计裂缝可能出现的截面或区域,并在这些部位沿裂缝的垂直方向连续或交替地布置测点。

对于钢筋混凝土构件,主要控制弯矩最大的受拉区域和剪力较大且靠近支座部位的开裂。一般垂直裂缝出现在弯矩最大的受拉区域,因此在该区段应连续设置测点。当裂缝肉眼可见时,其宽度可用最小刻度为 0.01 mm 及 0.05 mm 的读数放大镜测量。混凝土的微细裂缝通常不能光靠肉眼观察。

斜截面上的主拉应力裂缝经常出现在剪力较大的区域内。对于箱形截面或工字形截面的梁,由于腹板较薄,每级荷载作用下出现的裂缝均必须在试件上标明,即在裂缝的尾端标出荷载级别或荷载大小。之后每加一级荷载后裂缝长度扩展,需在裂缝新的尾端注明相应荷载。由于卸载后裂缝可能闭合,所以应紧靠裂缝的边缘1～3 mm处平行画出裂缝的位置及走向。试验结束后,根据上述标注在试件上的裂缝绘出裂缝展开图。

根据试验研究的结构类型、荷载性质及变形特点等,还可以绘出一些其他特征的曲线,如超静定结构的荷载反力曲线,某些特定节点上的局部挤压和滑移曲线等。

5.4 结构静力试验的安全与防护

在进行结构试验设计和实施过程中,特别要关注安全问题。试验安全问题需要全面、细致地考虑。无论是试件和试验仪器的安全措施,还是人身安全的保障措施,都是试验成功的关键。这不仅关系到试验工作能否顺利进行和很好地完成预定的试验任务,更重要的是它关系到试验人员的生命安全和国家财产安全。对于大型结构试验和结构抗震破坏性试验,安全问题尤其重要。因此,在进行试验设计时必须考虑、制定和采取安全防护措施,贯彻"安全第一、预防为主"的方针。

(1) 结构试件、试验设备和荷载装置等在起重运输、安装就位以及电气设备线路的架设与连接过程中,必须安全操作,遵守我国现行的有关建筑安装和电气使用的技术安全规程。

(2) 试件的起吊安装要注意起吊点位置的选择,应防止和避免混凝土试件在自重作用下开裂。

(3) 进行屋架、桁架等大型构件试验时,因试件自身平面外刚度较低,为防止其受载后发生侧向失稳,试件安装后必须设置侧向支撑或安全架,并利用试验台座加以固定。

(4) 试验人员必须熟悉加载设备的性能和操作注意事项。对于大型结构试验机和电液伺服加载系统等,必须有专人负责,并严格遵守设备的操作规程。

(5) 对于重力加载或者杠杆加载的试验,为防止试件破坏时所加重物或杠杆随试件一起倒塌,必须在试件和杠杆、荷载吊篮下设置安全托架或支墩垫块。

(6) 当采用液压加载时,安装在试件上的液压加载器、分配梁等加载设备必须安装稳妥,并有保护措施,防止试件在破坏时倒塌。试件下也应该设置安全托架或支墩垫块。

（7）安装于试件上的附着式机械仪表，如百分表、千分表、水准式倾角仪等，必须设有保护装置，防止试件在进入破坏阶段时由于变形过大或测点处材料疏松而导致仪表脱落摔坏。当加载达到极限荷载的 85% 时可将大部分仪表拆除。对于保留下来继续量测的部分控制仪表，应注意加强保护。

（8）对于有可能发生突然脆性破坏的试件（如高强混凝土构件和后张无黏结预应力构件），应采取防护措施，以防止混凝土碎块或钢筋飞出，危及人身安全和损坏仪表设备，造成严重后果。

第6章　基本型试验

6.1　基本标准及试验基本技能

6.1.1　基本标准

（1）《混凝土结构试验方法标准》（GB/T 50152—2012）；

（2）《建筑抗震试验规程》（JGJ/T 101—2015）；

（3）《混凝土结构工程施工质量验收规范》（GB 50204—2015）；

（4）《混凝土中钢筋检测技术规程》（JGJ/T 152—2019）；

（5）《建筑结构检测技术标准》（GB/T 50344—2019）。

6.1.2　试验基本技能

6.1.2.1　钢筋应变片的粘贴

（1）测点表面处理：首先用锉刀清除贴片处的漆层、油污、绣层等污垢，再用 0# 砂布在试件表面打出与应变片轴线成 45° 的交叉纹路，用蘸有丙酮的药棉或纱布清洗试件的打磨部位，直至药棉上不见污渍，待丙酮挥发、表面干燥，方可进行贴片。

（2）应变片粘贴：先在试件上沿贴片方位划出十字交叉标志线，在试件表面的定向标记处和应变片基底上分别涂一层 502 胶水，用手指捏出应变片的引线，待胶层发黏时迅速将应变片放置于试件上，且使应变片基准线对准刻于试件上的标志线。盖上一块玻璃纸，用拇指沿应变片朝一个方向滚压，手感由轻到重，挤出气泡和多余的胶水，保证黏结层尽可能薄且均匀，避免应变片滑动或转动。必要时加压 1~2 min，使应变片粘牢。经过适宜的干燥时间后，轻轻揭去薄膜，观察粘贴情况，如果在敏感栅部位有气泡，应将应变片铲除，重新清理并贴片，如敏感栅部位粘牢，只是基底边缘翘起，只要在这些局部地方补充粘贴即可。

（3）导线的连接与固定：导线与应变片引线的连接最好用接线端子片作为过渡，接线端子片用 502 胶水固定于试件上，导线头和接线端子片上的铜箔都预先挂锡,然后将应变片引线和导线焊接在端子片上,不能出现"虚焊"。最后用胶布将导线固定在试件上。

6.1.2.2 应变片的粘贴质量检查

用万用表量测应变片的绝缘电阻,观察应变片的零点漂移,漂移值小于 5 $\mu\varepsilon$(3 min 之内)时认为合格。

6.1.2.3 防水和防潮处理

防潮措施必须在检查应变片质量合格后立即进行,用松香石蜡或凡士林涂于应变片表面,使应变片与空气隔离达到防潮目的。防水处理采用环氧树脂,在应变片上涂上环氧树脂胶,并用砂布包裹。

6.1.2.4 钢筋混凝土梁侧刷白和划线

(1)为便于观测混凝土上表面的裂缝,应对钢筋混凝土梁的侧面进行刷白和划线处理。

(2)刷白时采用板刷蘸取少量石灰水,在梁的侧面均匀涂抹,待水分蒸发后梁侧面即呈白色。

(3)划线时先用卷尺在梁两侧面定位,定位时应先找到中点位置,然后向两边定位以减小误差,最后用铅笔将梁侧面划分成均匀分布的矩形网格,网格尺寸如图 6-1 所示。

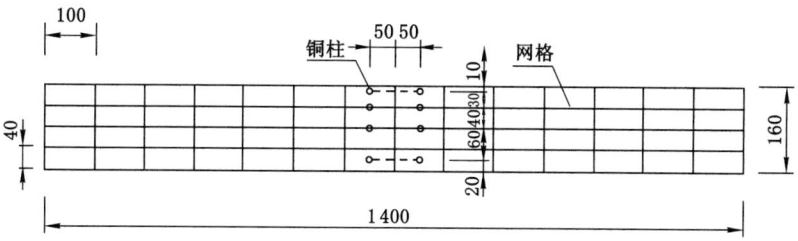

图 6-1 抗弯试验梁侧面划线网格与应变引伸仪测点布置(单位:mm)

6.1.2.5 钢筋混凝土梁侧铜柱粘贴

(1)为便于手持式应变仪测试钢筋混凝土梁侧面应变,必须在梁侧面粘贴固定标距的铜柱。

(2)根据要求量测确定应变测量位置,定出铜柱粘贴两个点的大致位置。

(3)将铜柱带圆孔的一侧朝外,另一侧均匀涂上 502 胶水,将该铜柱粘贴在其中一个定位点上。

(4)将另一个铜柱带圆孔的一侧朝外,另一侧紧靠在梁侧另一个定位点上,悄悄移动该铜柱使得标准针距尺的两个针脚刚好插入两个铜柱的圆孔中,最后用 502 胶水将该铜柱固定在梁侧面;抗弯梁和抗剪梁铜柱粘贴位置如图 6-2 所示。

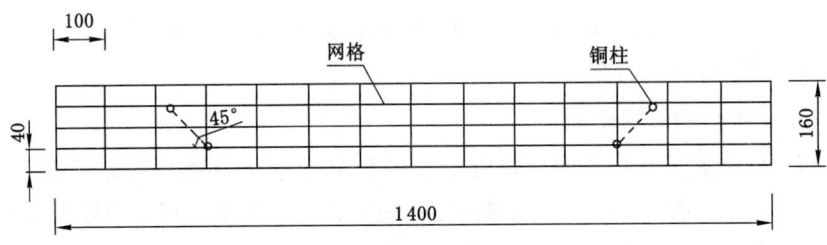

图 6-2 抗剪试验梁侧面网格划分与应变引伸仪测点布置(单位:mm)

6.2 钢筋混凝土受弯构件正截面试验

6.2.1 试验目的与要求

通过钢筋混凝土梁试验,了解钢筋混凝土梁受力破坏的全过程,并验证正截面强度的计算公式;了解对钢筋混凝土结构进行试验研究的方法;掌握进行钢筋混凝土结构试验的一些基本技能。

6.2.2 主要仪器及设备

百分表、千分表、千斤顶、工字钢分配梁、荷载传感器和显示器等。

6.2.3 试验内容

本试验根据均质弹性材料纯弯构件"平截面假定"来验证钢筋混凝土梁在开裂前后截面上的平均应变的符合情况;实测混凝土梁的变形值,以期在均质弹性体梁挠度计算公式的基础上提出钢筋混凝土梁的挠度公式。

(1)观察试验梁在纯弯曲段的裂缝出现和开展过程,并记录开裂荷载 $P_{cr}^0(M_{cr}^0)$。

(2)量测试验梁在各级荷载作用下的跨中挠度值,绘制梁跨中弯矩-挠度关系曲线。

(3)量测试验梁在各级荷载作用下纯弯曲段平均应变沿截面高度的分布,绘制相应的沿梁高度应变分布曲线。

(4)观察和绘制试验梁破坏情况及特征图,记下破坏荷载 $P_u^0(M_u^0)$。验证理论公式,并对试验值和理论计算值进行比较。

6.2.4　试验方法与步骤

进行一次结构试验大致要经过三个阶段:计划与准备阶段、试验与观测阶段、分析与总结阶段。根据这次试验的目的和要求,试验步骤如下。

6.2.4.1　计划与准备阶段

复习受弯构件正截面承载力计算有关内容,仔细阅读试验指导书,充分了解本次试验的目的、要求、测试的内容。根据所给试验梁尺寸和配筋,计算试验梁的破坏荷载,确定加载级数和每级加载值。

（1）试件设计与制作图

试验梁的截面尺寸及配筋示意图如图 6-3 所示。

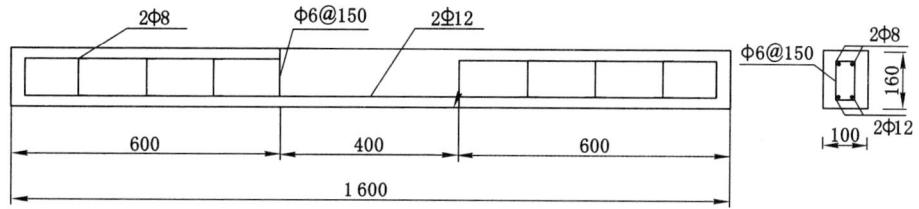

图 6-3　试验梁的截面尺寸及配筋示意图(单位:mm)

（2）试件的安装

梁的支座是一端铰接支座,一端滚动支座,整个梁是简支梁。

（3）测定试件的各项参数和材料各项性能指标

① 混凝土立方体的抗压强度 f_{cu}^0,混凝土的弹性模量 E_c^0。

② 纵筋的抗拉屈服强度 f_y^0,钢筋的弹性模量 E_s^0。

（4）按受弯构件正截面强度计算公式计算受弯构件的破坏荷载、开裂荷载

① 按照规范给出的材料强度值以及标定尺寸计算。

② 按照实测材料强度和几何尺寸计算。

6.2.4.2　试验与观测阶段

（1）加荷设备和测点布置

① 加荷设备:用 20 t 千斤顶,支撑力采用反弯梁式加荷架,为保证梁的纯弯段,采用两点加载,分配梁与之配合使用,如图 6-4 所示。

② 挠度测定:为了求得梁在变形后较为光滑的挠度曲线,沿梁跨对称分布 3个百分表测点;考虑支座沉降的影响,布置 2 个百分表测点,如图 6-5 所示。

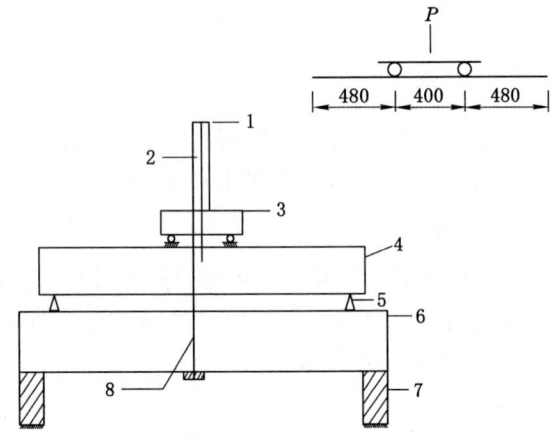

1—加荷载上横梁;2—液压千斤顶;3—分配梁;4—试件;5—试件支座;

6—反弯大梁;7—加载架支座;8—丝杆。

图 6-4　反弯梁式加荷载(单位:mm)

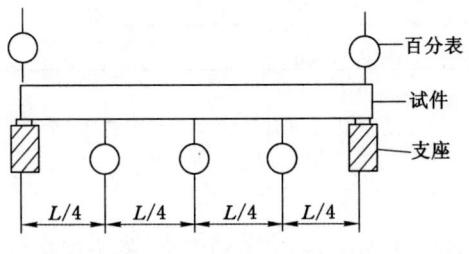

图 6-5　挠度测点布置图

③ 应变测定:为了测定梁正截面的应变分布,验证平截面假定,在梁跨中的截面上布置 3~4 个测点,安装千分表,如图 6-6 所示。

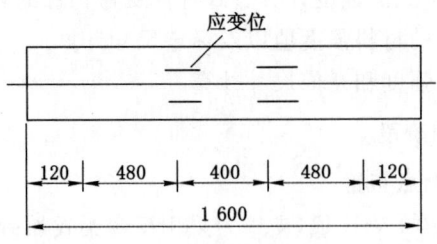

图 6-6　应变位布置图(单位:mm)

宽度用读数显微镜观测,并记录在表格中,要注意第一条裂缝出现的荷载值。

（2）试验步骤

① 在未加载前用百分表和千分表读初读数,检查有无初始干缩裂缝。

② 加第一级荷载后记录千分表读数,以量测梁未开裂时沿截面高度的平均应变值。

③ 估计梁的抗裂荷载,在梁开裂前分三级加载,如仍未开裂,再稍增大荷载,直到裂缝出现,记下荷载值 $P_{cr}^{s}(M_{cr}^{s})$。每次加载后持荷 5 min 再读百分表,以量测试件支座和跨中位移值。

④ 试验梁开裂后至破坏荷载之间按估算破坏荷载的 1/10 左右对试验梁分级加载,每次加载 5 min 后读百分表,并用读数放大镜读取最大裂缝宽度。

⑤ 继续加载,当所加荷载约为破坏荷载的 70% 时,用读数放大镜测读最大裂缝宽度,用直尺测量裂缝间距并记录,继续加载直至试验梁破坏。破坏时仔细观察梁的破坏特征,并记下破坏荷载 $P_{p}^{s}(M_{p}^{s})$。

⑥ 裂缝测定:为较好地观测混凝土的开裂全过程,应使所观测的裂缝不少于 5 条(包括第一条裂缝和最大宽度的裂缝),并标明每级荷载作用下的裂缝走向和分布。

在每一级 M/M_{u} 下混凝土正截面应变分布图如图 6-7 所示。其中,M 为每级荷载作用下所产生的弯矩值;M_{u} 为在破坏荷载作用下所产生的最大弯矩值;

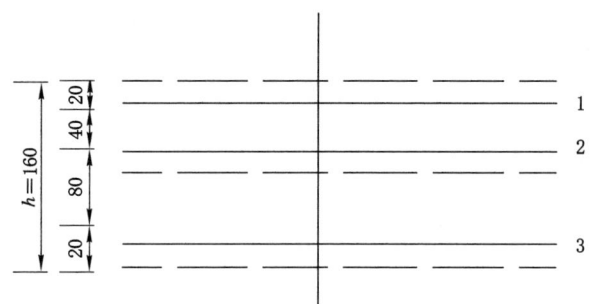

1,2,3—三对测点的水平线;4—梁的中和轴。

图 6-7　在每一级 M/M_{u} 下混凝土正截面应变分布图(单位:mm)

6.2.5　试验数据整理

量测数据包括准备阶段和正式试验阶段采集到的全部数据。其中一部分是对试验起控制作用的数据,如最大挠度控制点、最大侧向位移控制点、控制截面上的钢筋应变屈服点及混凝土极限拉、压应变等,应在试验过程中随时整理该类起控制作用的参数,以便指导整个试验过程的进行。其他大量测试数据的整理分析在试验后进行。

对实测数据进行整理,一般均应算出各级荷载作用下仪表读数的递减值和累计值,必要时还应换算和修正,然后用曲线或图表表达。

在整理原始记录数据过程中,应特别注意读数及读数值的反常情况,如仪表指示值与理论计算值相差很大,甚至有正负号颠倒的情况,这时应对出现这些现象的规律性进行分析,判断其原因。一般可能的原因:① 由于试验结构自身产生裂缝、节点松动、支座沉降或局部应力达到屈服而引起数据突变。② 测试仪表安装不当所造成的。凡不属于差错或主观原因造成的仪表读数突变都不能轻易舍弃,待以后分析时再进行判断处理。

(1)根据试验过程中记录的百分表读数,计算各级荷载作用下试验梁的实测跨中挠度,作出跨中弯矩和挠度的关系曲线。

(2)根据试验过程中记录的受力主筋的应变仪读数,计算试验梁跨中的钢筋应变平均值,作出跨中弯矩和主筋应变的关系曲线。

(3)根据试验过程中记录的受压混凝土的应变仪读数,作出跨中弯矩和受压混凝土应变的关系曲线。

(4)根据试验过程中记录的应变,计算量测标距范围内混凝土的平均应变值,作出试验梁平均应变沿梁高度的分布图。

(5)根据试验中实测得到的试验梁的开裂荷载和破坏荷载,计算试验梁的抗裂校验系数和承载力校验系数。

(6)绘制裂缝分布图。

6.2.6 试验理论计算的参考公式

(1)承载力计算

参照《混凝土结构设计规范》(GB 50010—2010),单筋矩形截面受弯构件正截面受弯承载力按式(6-1)计算。

$$M_u = \alpha_1 f_{ck} bx \left(h_0 - \frac{x}{2} \right) \tag{6-1}$$

混凝土受压区高度应按式(6-2)确定。

$$\alpha_1 f_{ck} bx = f_{yk} A_s \tag{6-2}$$

混凝土受压区高度尚应符合下列条件:

$$x \leqslant \varepsilon_b h_0 \tag{6-3}$$

$$\varepsilon_b = \frac{\beta_1}{1 + \dfrac{f_{yk}}{E_s \varepsilon_{cu}}} \tag{6-4}$$

式中　α_1,β_1——系数,当混凝土强度等级不超过 C50 时,α_1 取 1.0,β_1 取 0.8。

f_{ck}——混凝土轴心抗压强度标准值,采用材料性能试验结果。

h_0——截面有效高度,纵向受压钢筋合力点至截面受压边缘的距离,$h_0 = h - a_s$。

b,h——试验梁矩形截面的宽度和高度。

x——混凝土受压区高度。

f_{yk}——受拉主筋抗拉强度标准值,采用材料性能试验结果。

A_s——受拉区纵向主筋的截面面积。

a_s——受拉区全部纵向钢筋合力点至截面受压边缘的距离。

ε_b——相对界限受压区高度。

E_s——钢筋弹性模量,对于 Q235 钢材,$E_s = 2.1 \times 10^5$ N/mm^2。

ε_{cu}——正截面的混凝土极限压应变,当混凝土强度等级不超过 C50 时取 0.003 3。

（2）正常使用荷载的计算

$$M_k = \frac{M_u}{\gamma_0 \gamma_u [\gamma_u]} \tag{6-5}$$

式中　γ_0——荷载分项系数的平均值,本次试验 $\gamma_0 = 1.4$。

γ_u——结构重要性系数,$\gamma_u = 1.0$。

$[\gamma_u]$——构件的承载力检验系数允许值,对于以主筋屈服的受弯破坏值,$[\gamma_u] = 1.2$。

（3）开裂荷载理论值的计算

参照《水工混凝土结构设计规范》(SL 191—2008),钢筋混凝土受弯构件的开裂弯矩为:

$$M_{cr} = \gamma_m f_{tk} I_0 / (H - y_0) \tag{6-6}$$

$$I_0 = (0.083 + 0.19\alpha_E \rho) b h^3 \tag{6-7}$$

$$y_0 = (0.5 + 0.425\alpha_E \rho) h \tag{6-8}$$

式中　γ_m——截面抵抗矩塑性系数,对于矩形截面,$\gamma_m = 1.55$。

f_{tk}——混凝土轴心抗拉强度标准值,采用材料性能试验结果。

I_0——试验梁换算截面惯性矩。

y_0——试验梁截面形心轴至受拉边缘的距离。

α_E——钢筋弹性模量和混凝土弹性模量之比,$\alpha_E = E_s / E_c$。

E_c——混凝土弹性模量,对于 C20 混凝土可取 $E_s = 2.55 \times 10^5$ N/mm^2。

ρ——纵向受拉钢筋配筋率,对于钢筋混凝土受弯构件,取 $\rho = A_s / b h_0$。

6.2.7　试验报告

根据试验原始记录和试验过程中观察到的现象,进行整理、分析、归纳,将试验结果汇总,以图表文字说明。试验报告的内容包括试验梁概况、材料强度指标、加载方案、仪表和测点的布置及编号、试验结果与分析。

6.3　钢筋混凝土受弯构件斜截面试验

6.3.1　试验目的与要求

通过试验初步掌握钢筋混凝土梁斜截面受剪承载力试验的一般程序和方法。通过试验加深对钢筋混凝土梁斜截面受力特点和斜裂缝出现、开展规律的认识。通过试验加深对钢筋混凝土梁剪压型破坏形态的认识,并验证梁斜截面受剪承载力计算公式,认识剪跨比和箍筋含量对斜截面承载力的影响。

6.3.2　主要仪器及设备

竖向加载架、工字钢分配梁、液压千斤顶、电子秤、压力传感器和显示器、百分表、千分表等。

6.3.3　试验内容

(1) 观察试验梁剪跨区斜裂缝,量测最大斜裂缝宽度和临界斜裂缝的水平投影长度,描绘试验梁的裂缝分布图。

(2) 观察试验梁的剪压型破坏形态,测定试验梁的破坏荷载,并对试验梁斜截面受剪承载力试验值与理论计算值进行比较。

6.3.4　试验计划与准备

6.3.4.1　试件设计与制作

受剪试验梁的截面尺寸及配筋示意图如图 6-7 所示。

6.3.4.2　参数测定

测定试件的各项参数和材料的各项性能指标:
① 混凝土立方体抗压强度 f_{cu}^0,混凝土弹性模量 E_c^0;
② 受剪箍筋的抗拉屈服强度 f_y^0,钢筋的弹性模量 E_s^0。

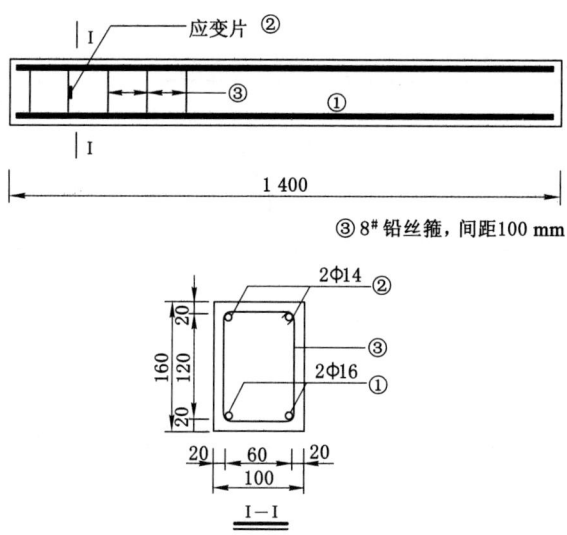

图 6-7　受剪试验梁配筋图（单位：mm）

6.3.5　试验与观测阶段

（1）试验的加载方案

试验梁支撑于台座上，通过千斤顶和分配梁施加两点荷载，由力传感器读取荷载读数，在梁支座和跨中各布置一个百分表；在弯剪段侧面布置两排斜向应变引伸仪测点，在跨中梁上表面布置一只应变片，在弯剪段箍筋上各布置一只应变片（图 6-8）。

（2）试验量测数据内容

① 各级荷载作用下支座沉陷与跨中的位移。

② 各级荷载作用下箍筋的应变和混凝土受压边缘的压应变。

③ 各级荷载作用下梁弯剪段斜截面混凝土应变。

④ 记录、观察梁的开裂荷载和开裂后各级荷载作用下裂缝的发展情况（包括裂缝分布和最大裂缝宽度 $W_{\max}$）。

⑤ 记录梁的破坏荷载、极限荷载和混凝土极限压应变。

（3）试验步骤

① 对试验梁进行预加载，利用力传感器进行控制，加载值可取开裂荷载的 50%，分 3 级加载，每级稳定时间为 1 min，然后卸载，加载过程中检查试验仪表是否正常。

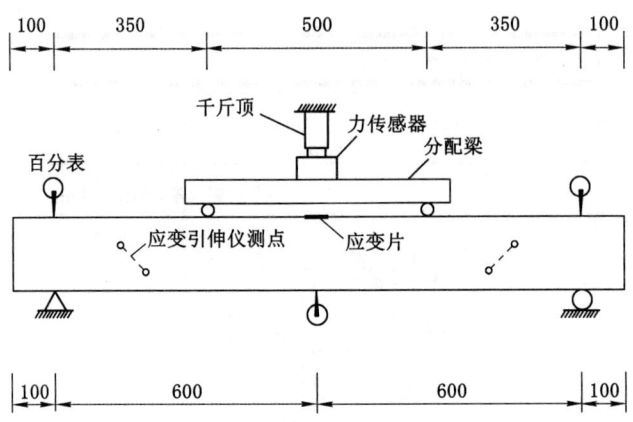

图 6-8　受剪试验梁加载测试方案示意图(单位:mm)

② 调整仪表并记录仪表初读数。

③ 按估算极限荷载的 10％左右对试验梁进行分级加载(第一级应考虑梁自重和分配梁),相邻两次加载的时间间隔为 2～3 min。在每级加载后的间歇时间内认真观察试验梁上是否出现裂缝,加载后持续 2 min 后记录电阻应变仪、百分表和手持式应变仪读数。

④ 当达到试验梁开裂荷载的 90％时,改为按估算极限荷载的 5％进行加载,直至试验梁上出现第一条裂缝,在试验梁表面对裂缝的走向和宽度进行标记,记录开裂荷载。

⑤ 开裂后按原加载分级进行加载,相邻两次加载的时间间隔为 3～5 min,在每级加载后的间歇时间内认真观察试验梁上原有裂缝的开展和新裂缝的出现等情况并标记,记录电阻应变仪、百分表和手持应变仪读数。

⑥ 当达到试验梁破坏荷载的 90％时,改为按估算极限荷载的 5％进行加载,直至试验梁达到极限承载状态,记录试验梁承载力实测值。

⑦ 当试验梁出现明显的较大的裂缝时,撤去百分表,加载到试验梁完全破坏,记录混凝土应变最大值和荷载最大值。

⑧ 卸载,记录试验梁破坏时裂缝的分布情况。

6.3.6　试验数据整理

(1) 根据试验过程中记录的百分表读数,计算各级荷载作用下试验梁的实测跨中挠度值,作出剪力和跨中挠度关系曲线。

（2）根据试验过程中记录的箍筋的应变仪读数，作出剪力和箍筋应变关系曲线。

（3）根据试验过程中记录的受压混凝土的应变仪读数，作出剪力和受压混凝土应变关系曲线。

（4）根据试验过程中记录的手持式应变仪，计算量测标距范围内混凝土的平均应变值，作出剪力和混凝土斜截面应变关系曲线。

（5）根据试验中试验梁实测得到的开裂荷载和破坏荷载，计算试验梁的抗裂校验系数和承载力校验系数。

（6）绘制试验梁弯剪段裂缝分布图。

6.3.7　试验理论计算的参考公式

（1）承载力计算

参照《混凝土结构设计规范》（GB 50010—2010）的规定，在集中荷载作用下（包括作用有多种荷载，其中集中荷载对支座截面所产生的剪力值占总剪力值的75％以上的情况）仅配置箍筋的矩形截面受弯构件斜截面受剪承载力的计算，应符合下列规定：

$$V_u = \frac{1.75}{\lambda + 1} f_{tk} b h_0 + f_{yvk} \frac{A_{sv}}{s} h_0 \tag{6-9}$$

式中　f_{tk}——混凝土轴心抗拉强度标准值，采用材料性能试验结果。

b——矩形截面的宽度。

h_0——截面有效高度，纵向受压钢筋合力点至截面受压边缘的距离，$h_0 = h - a_s$。

f_{yvk}——箍筋抗拉强度标准值，采用材料性能试验结果。

A_{sv}——配置在同一截面内箍筋各肢的全部截面面积，$A_{sv} = n A_{sv1}$，n 为在同一截面内箍筋的肢数，A_{sv1} 为单肢箍筋的截面面积。

s——沿构件长度方向的箍筋间距。

λ——计算截面的剪跨比，可取 $\lambda = a / h_0$，a 为集中荷载作用点至支座的距离，当 $\lambda < 1.5$ 时，取 $\lambda = 1.5$，当 $\lambda > 3$ 时，取 $\lambda = 3$。

（2）开裂荷载理论值的计算

参照《水工混凝土结构设计规范》（SL 191—2008），钢筋混凝土受弯构件的开裂剪力为：

$$V_{cr} = \frac{1.8 b h_0 f_{tk}}{\lambda + 1.3} \tag{6-10}$$

6.4 标准砌体强度试验

6.4.1 试验目的

根据国家规定的砌体抗压强度试验标准,评定砌体的抗压强度,观察砌体从加载到破坏的全过程,了解影响砌体抗压强度的主要因素。

6.4.2 试验设备与试样

(1) 油压千斤顶(100 t)、位移计、加载板。

(2) 自平衡加载架。

(3) 选定砌块的种类和砂浆的强度等级,组砌 240 mm×370 mm×720 mm 的标准试件,同时留置砂浆试件埋置于砂中养护。

砌体加载系统如图 6-9 所示。

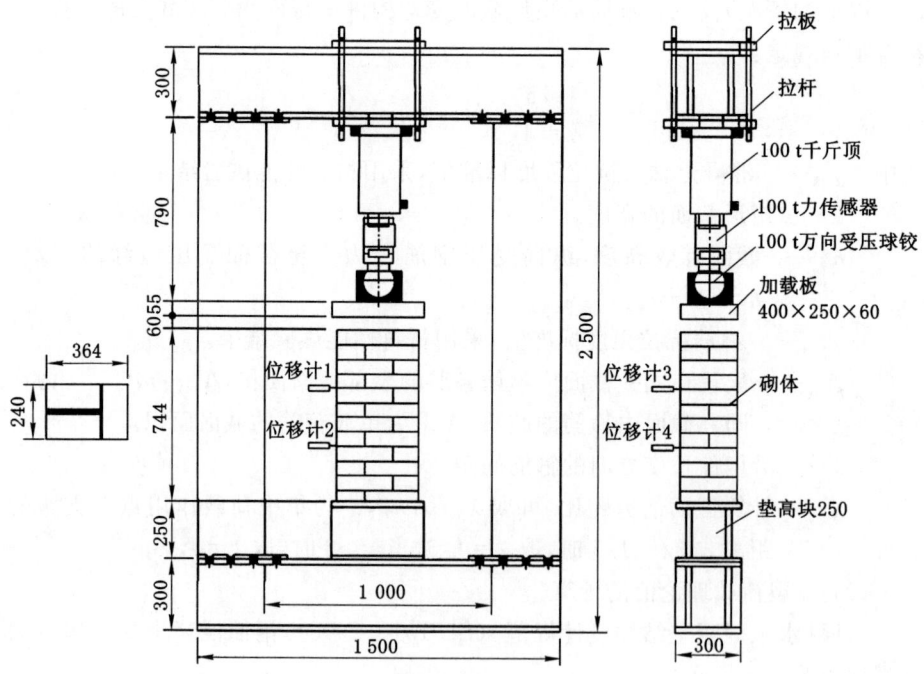

图 6-9 砌体加载系统(单位:mm)

6.4.3　试验原理与方法

标准砌体试件在竖向荷载作用下不仅产生竖向变形,还产生横向变形。随着竖向荷载的增大,砌体中的单块砖首先开裂,然后发展成贯穿几皮砖的竖向通缝,砌体的横向变形增大,最后竖向通缝将砌体分为若干小柱,在荷载作用下小柱失稳破坏,使砌体失去承载能力。

(1) 单个标准砌体试件的轴心抗压强度 $f_{c,i}$ 应按式(6-11)计算(精确至 0.01 N/mm^2)。

$$f_{c,i} = \frac{N}{A} \tag{6-11}$$

式中　$f_{c,i}$——试件的抗压强度(0.01 N/mm^2)。

　　　N——试件的抗压破坏荷载,N。

　　　A——试件的横截面面积,mm^2。

(2) 单个轴心抗压标准砌体试件的弹性模量 E、泊松比 υ 的实测值按下列步骤计算:

① 逐级荷载作用下的轴向应变 ε 和横向应变 ε_u 的计算公式为:

$$\begin{cases} \varepsilon = \dfrac{\Delta l}{l} \\[2mm] \varepsilon_u = \dfrac{\Delta l_{tr}}{l_{tr}} \end{cases} \tag{6-12}$$

式中　ε——逐级荷载作用下的轴向应变值。

　　　ε_u——逐级荷载作用下的横向应变值。

　　　$\Delta l, \Delta l_{tr}$——逐级荷载作用下的轴向变形值和横向变形值,mm。

　　　l, l_{tr}——轴向和横向测点之间的距离,mm。

② 逐级荷载作用下的应力按下式计算:

$$\sigma = \frac{N_i}{A} \tag{6-13}$$

式中　σ——逐级荷载作用下的应力值,N/mm^2。

　　　N_i——试件承受的某一级荷载值,N。

③ 应力与轴向应变的关系曲线应以 σ 为纵坐标、ε 为横坐标绘制。根据曲线,应取应力 σ 等于 $0.4f_{c,i}$ 时的割线模量为该试件的弹性模量,计算公式为:

$$E = \frac{0.4f_{c,i}}{\varepsilon_{0.4}} \tag{6-14}$$

式中　E——试件的弹性模量,N/mm^2。

$\varepsilon_{0.4}$——对应于应力为 $0.4f_{c,i}$ 时的轴向应变值。

④ 应力与泊松比的关系曲线应以 σ 为纵坐标,泊松比 υ 为横坐标绘制。根据曲线,应取应力 σ 等于 $0.4f_{c,i}$ 时的泊松比为该试件的泊松比。逐级应力所对应的泊松比按下式计算:

$$\upsilon = \frac{\varepsilon_{tr}}{\varepsilon} \tag{6-15}$$

6.4.4 试验内容与步骤

(1) 准备工作:试件应进行外观检查,当有施工缺陷、碰撞或其他损伤痕迹时,应做记录;当试件破损严重时,应舍去该试件。

(2) 在试件 4 个侧面上画出竖向中线:在试件高度的 1/4、1/2 和 3/4 处,分别测量试件的厚度与宽度,测量精度为 1 mm。测量结果采用平均值。试件的高度应以垫板顶面为基准,量至找平层顶面确定。

(3) 试件安装:将垫梁固定于反力架上,在试件顶面中间块砖受力面上放置一块厚 60 mm 的钢板,将千斤顶传来的荷载均匀分布在试件加载面上。

(4) 安装传感器:安装千斤顶及力传感器,安装位移传感器。

(5) 试验加载:每级加载荷载应为预估破坏荷载的 10%,并应在 1~1.5 min 内均匀加载完成;持荷 1~2 min 后施加下一级荷载。施加荷载时不得冲击试件。加荷至 80% 之后,可按原定加载速度继续加载,直至试件破坏。力传感器最大荷载读数即该试件的破坏荷载。

6.4.5 试验数据处理

根据试验数据作出以下曲线并求出相应数值:
(1) 力-轴向应变关系曲线;
(2) 力-横向应变关系曲线;
(3) 应力曲线;
(4) 极限荷载、弹性模量、泊松比。

6.5 柱类试件低周反复加载静力试验

6.5.1 试验目的

研究结构在经受模拟地震作用下的低周反复荷载后的力学性能和破坏机理,掌握结构低周反复加载静力试验方法。观察试件在反复荷载作用下的滞回特性,分析工况变化对试件抗震性能的影响。

6.5.2　试验原理与方法

　　加载时首先通过竖向液压千斤顶施加轴向荷载,然后保持荷载不变,由水平
作动器施加往复的水平荷载。加载时根据《建筑抗震试验规程》(JGJ/T 101—
2015)采用荷载与位移双控制。试件屈服前按荷载控制,分数级加载,每级荷载
反复一次;试件屈服后按位移控制,每级增加的位移为屈服位移的倍数,并在相
同位移下反复循环 3 次。直到试件的水平位移下降到最大水平位移的 85%,或
试件不能再承担预定轴向压力时结束。加载制度如图 6-10 所示。

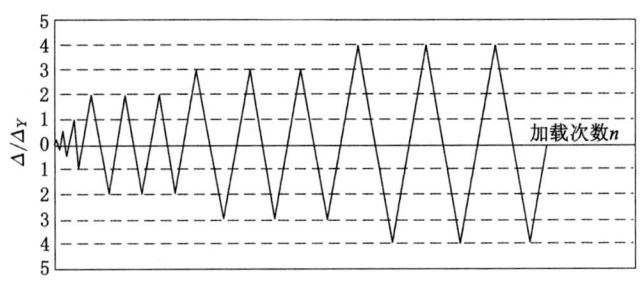

图 6-10　加载制度

6.5.3　试验设备与试件

　　试验装置包括平衡加载架、作动器、位移传感器、千斤顶、滑动支座等,如
图 6-11 所示,试件为型钢柱或钢筋混凝土柱。

6.5.4　试验内容与步骤

　　本试验所用的位移计一共有 2 个,分别布置在柱子顶部和底部。柱顶位移
计与基座位移计所测得数据的差值即柱顶加载端相对于柱脚节点的相对位移,
而不包含整个试件的刚度位移。通过位移计所测得的数据可以绘制出试件的荷
载-位移滞回曲线。

　　试验前在型钢柱或钢筋混凝土柱钢筋上预先布置应变片或应变花。型钢的
应变片主要沿型钢内外翼缘向下依次布置,用以考察型钢应变的发展。混凝土
柱在纵向钢筋的表面布置应变片,应采用涂抹环氧树脂的纱布包裹。

　　(1)由教师预先安装或在教师指导下由学生安装试验柱,布置安装试验仪
表,要求试验柱垂直、稳定,荷载着力点位置正确,接触良好,并做好试验柱的安
全保护工作。

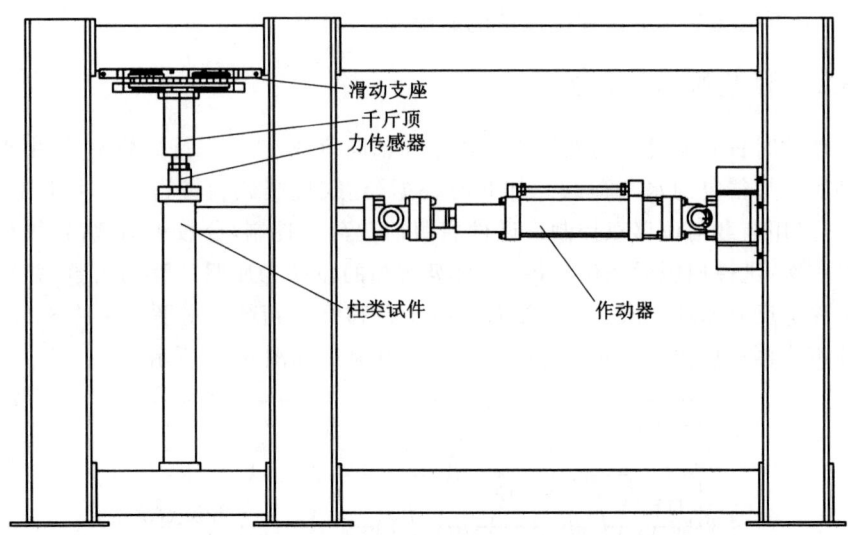

图 6-11　柱类试件压剪示意图

（2）对试验柱进行预加载，利用力传感器进行控制，加载值可取破坏荷载的10％，分 3 级加载，每级稳定时间为 1 min，然后卸载，加载过程中检查试验仪表是否正常。

（3）调整仪表并记录仪表初读数。

（4）按估算极限荷载值的 10％ 左右对试验柱分级加载（第一级应考虑自重），相邻两次加载的时间间隔为 2～3 min。在每级加载后的间歇时间内认真观察试验现象，记录试验读数。

（5）加载到试验柱完全破坏，记录应变最大值和荷载最大值。

（6）卸载，记录试验柱破坏情况。

6.5.5　试验数据处理

按所得数据作出试验柱的荷载-位移滞回曲线。

第 7 章　提高型试验

7.1　钢筋混凝土梁正截面受弯性能的对比试验

7.1.1　试验目的

通过试验了解钢筋混凝土超筋梁、适筋梁和少筋梁受弯破坏形态的差异。通过试验加深对不同配筋率的钢筋混凝土梁的正截面受力特点、变形性能和裂缝开展规律的理解。通过试验掌握对不同配筋率的钢筋混凝土梁试验结果的对比分析方法。

7.1.2　试验仪器及设备

百分表、千分表、千斤顶、工字钢分配梁、荷载传感器和显示器等。

7.1.3　试验内容

(1) 各级荷载作用下支座沉陷与跨中的位移。

(2) 各级荷载作用下主筋跨中的拉应变及混凝土受压边缘的压应变。

(3) 各级荷载作用下梁跨中上边纤维、中间纤维、受拉钢筋处纤维的混凝土应变。

(4) 记录、观察梁的开裂荷载和开裂后各级荷载作用下裂缝的发展情况(包括裂缝分布和最大裂缝宽度 $W_{\max}$)。

(5) 记录梁的破坏荷载、极限荷载和混凝土极限压应变。

7.1.4　试验方法与步骤

7.1.4.1　试验计划与准备

复习受弯构件正截面承载力计算的有关内容,仔细阅读试验指导书,充分了解本次试验的目的、要求、测试的内容;根据所给适筋梁、超筋梁和少筋梁尺寸、配筋,计算适筋梁、超筋梁和少筋梁的破坏荷载,确定加载级数和每级加载值,并进行对比。

（1）试件设计与制作

超筋梁和少筋梁的截面尺寸及配筋示意图如图 7-1 和图 7-2 所示。

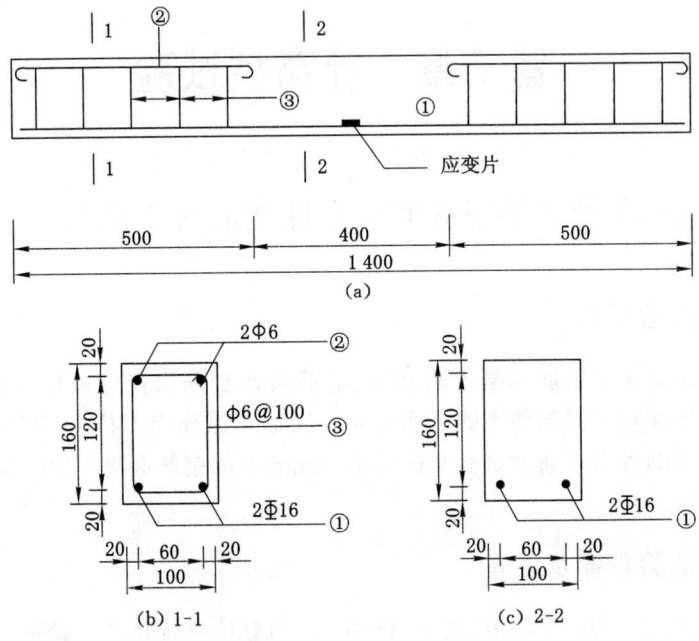

图 7-1　超筋梁尺寸及配筋图（单位：mm）

（2）试件的安装

梁的支座是一端铰接支座，一端滚动支座。整个梁是简支梁。

（3）测定试件的各项参数和材料的各项性能指标

① 混凝土立方体的抗压强度 f_{cu}^0，混凝土的弹性模量 E_c^0。

② 纵筋的抗拉屈服强度 f_y^0，钢筋的弹性模量 E_s^0。

（4）按受弯构件正截面强度计算公式，计算适筋梁、超筋梁和少筋梁的破坏荷载、开裂荷载。

① 按规范给出材料强度值以及标定尺寸计算。

② 按实测材料强度以及几何尺寸计算。

7.1.4.2　试验与观测阶段

（1）加载设备和测点布置

① 加载设备：用 20 t 千斤顶，支撑力采用反弯梁式加载架，为保证梁的纯弯段，采用两点加载，分配梁与之配合使用。

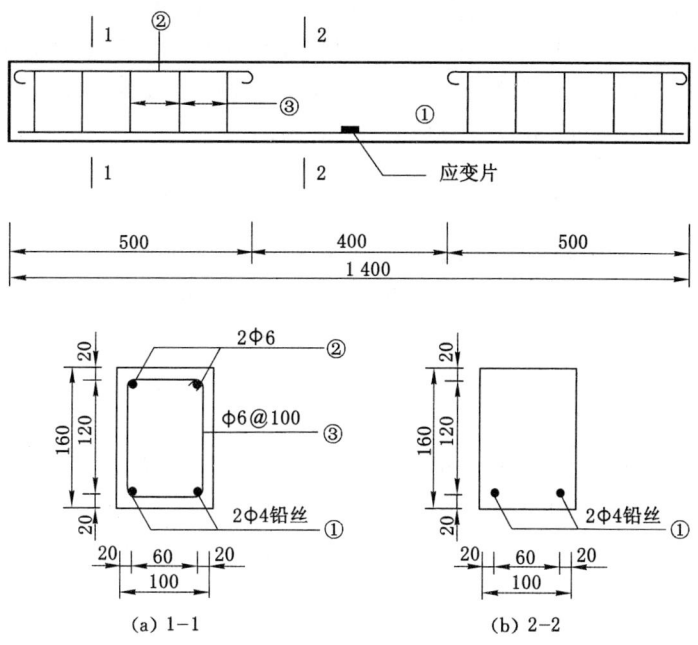

图 7-2　少筋梁尺寸及配筋图(单位:mm)

② 挠度测定:为了求得梁在变形后较为光滑的挠度曲线,沿梁跨对称分布 3 个百分表测点;考虑支座沉降的影响,布置 2 个百分表测点,如图 6-4 所示。

③ 应变测定:为了测定梁正截面的应变分布,验证平截面假定,在梁跨中的截面上布置 3~4 个测点,安装千分表,如图 6-5 所示。

④ 裂缝测定:为较好地观测混凝土的裂缝开展全过程,应使所观测的裂缝不少于 5 条(包括第一条裂缝和最大宽度的裂缝),并标明每级荷载作用下的裂缝走向、分布,裂缝宽度用读数显微镜观测,并记录在表格中,要注意第一条裂缝出现的荷载值。

(2)试验步骤

① 在未加载前用百分表和千分表读取初读数,检查有无初始干缩裂缝。

② 加第一级荷载后千分表读数,以量测梁未开裂时沿截面高度的平均应变值。

③ 估计梁的抗裂荷载,在梁开裂前分 3 级加载,如果仍未开裂,再稍加大荷载,直到裂缝出现,记下荷载值 $P_{cr}^s(M_{cr}^s)$。每次加载后,持荷 5 min 再读百分表,以量测试件支座和跨中位移值。

④ 试验梁开裂后至破坏荷载之间按估算破坏荷载的 1/10 左右对试验梁分

级加载,每次加载 5 min 后读百分表,并用读数放大镜读取最大裂缝宽度。

⑤ 继续加载,当所加荷载约为破坏荷载的 70% 时,用读数放大镜测读最大裂缝宽度,用直尺测量裂缝间距并记录,继续加载直至试验梁破坏。破坏时,仔细观察梁的破坏特征,并记下破坏荷载 $P_p^s (M_p^s)$。

7.1.5 试验数据处理

(1) 根据试验过程中记录的百分表读数,计算各级荷载作用下试验梁的实测跨中挠度值,作出少筋梁、超筋梁和适筋梁跨中弯矩和挠度的关系曲线。

(2) 根据试验过程中记录的受力主筋的应变仪读数,计算试验梁跨中的钢筋应变平均值,作出少筋梁、适筋梁和超筋梁跨中弯矩和主筋应变关系对比曲线。

(3) 根据试验过程中记录的受压混凝土的应变仪读数,作出少筋梁、适筋梁和超筋梁跨中弯矩和受压混凝土应变关系对比曲线。

(4) 根据试验过程中记录的手持式应变仪,计算量测标距范围内混凝土的平均应变值,作出少筋梁、适筋梁和超筋梁平均应变沿梁高度的分布图,并进行对比。

(5) 根据试验中得到试验梁实测的开裂荷载和破坏荷载,计算少筋梁、适筋梁和超筋梁的抗裂校验系数和承载力校验系数。

(6) 对少筋梁、适筋梁和超筋梁的裂缝分布图进行对比分析。

7.2 钢筋混凝土梁斜截面受弯性能的对比试验

7.2.1 试验目的

通过试验了解钢筋混凝土梁受斜拉破坏、剪压破坏和斜压破坏的全过程。通过试验加深对不同受剪破坏的钢筋混凝土梁斜截面受力特点、变形性能和斜裂缝开展规律的理解。通过试验掌握对不同受剪破坏形态的钢筋混凝土梁试验结果的对比分析方法。

7.2.2 试验仪器和设备

竖向加载架、工字钢分配梁、液压千斤顶、电子秤、压力传感器和显示器、百分表、千分表等。

7.2.3　试验内容

（1）各级荷载作用下支座沉陷与跨中的位移。

（2）各级荷载作用下箍筋的应变和混凝土受压边缘的压应变。

（3）各级荷载作用下梁弯剪段斜截面混凝土应变。

（4）记录、观察梁的开裂荷载和开裂后各级荷载作用下裂缝的发展情况（包括裂缝分布和最大裂缝宽度）。

（5）记录梁的破坏荷载、极限荷载和混凝土极限压应变。

7.2.4　试验方案

试验梁的配筋设计如图 7-3 所示。

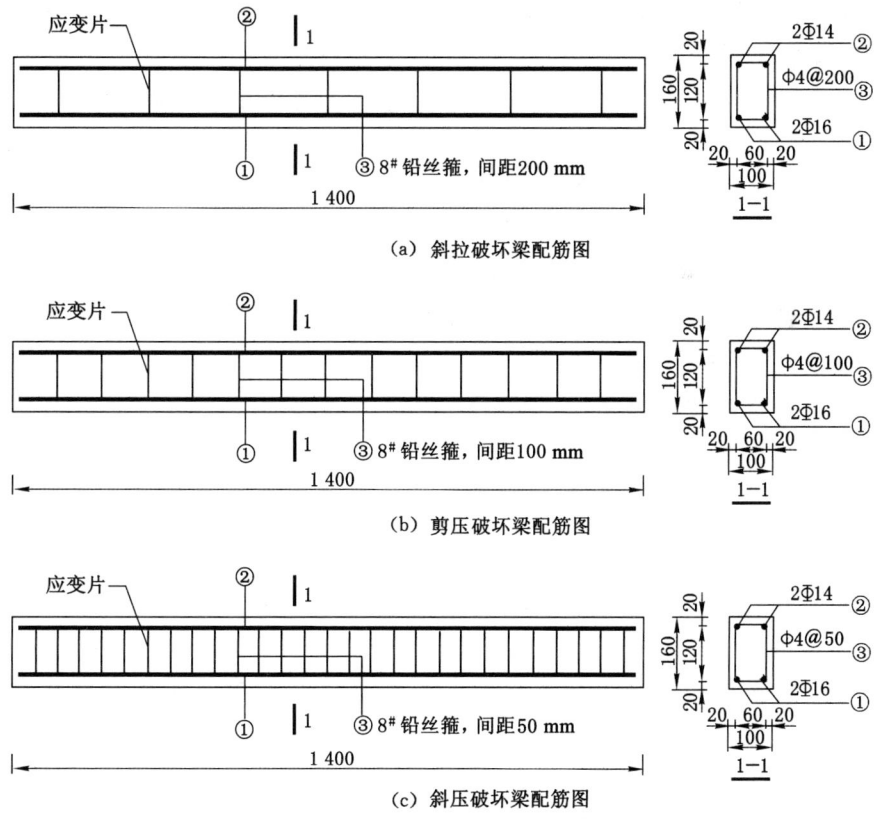

图 7-3　试验梁配筋图

7.2.5 试验步骤

(1) 对试验梁进行预加载,利用力传感器进行控制,加载值可取开裂荷载的 50%,分 3 级加载,每级稳定时间为 1 min,然后卸载,加载过程中检查试验仪表是否正常。

(2) 调整仪表并记录仪表初读数。

(3) 按估算极限荷载的 10% 左右对试验梁分级加载(第一级应考虑梁自重和分配梁),相邻两次加载的时间间隔为 2~3 min。在每级加载后的间歇时间内,认真观察试验梁上是否出现裂缝,加载后持续 2 min 后记录电阻应变仪、百分表和手持式应变仪读数。

(4) 当达到试验梁开裂荷载的 90% 时,改为按估算极限荷载的 5% 进行加载,直至试验梁上出现第一条裂缝,在试验梁表面对裂缝的走向和宽度进行标记,记录开裂荷载。

(5) 开裂后按原加载分级进行加载,相邻两次加载的时间间隔为 3~5 min,在每级加载后的间歇时间内认真观察试验梁上原有裂缝的开展和新裂缝的出现等情况并标记,记录电阻应变仪、百分表和手持应变仪读数。

(6) 当达到试验梁破坏荷载的 90% 时,改为按估算极限荷载的 5% 进行加载,直至试验梁达到极限承载状态,记录试验梁承载力实测值。

(7) 当试验梁出现明显较大的裂缝时,撤去百分表,加载到试验梁完全破坏,记录混凝土应变最大值和荷载最大值。

(8) 卸载,记录试验梁破坏时裂缝的分布情况。

7.2.6 试验数据处理

(1) 根据试验过程中记录的百分表读数计算各级荷载作用下试验梁的实测跨中挠度,作出 3 种试验梁剪力和跨中挠度关系对比曲线。

(2) 根据试验过程中记录的箍筋的应变仪读数,作出 3 种试验梁剪力和箍筋应变关系对比曲线。

(3) 根据试验过程中记录的受压混凝土的应变仪读数,作出 3 种试验梁剪力和受压混凝土关系对比曲线。

(4) 根据试验过程中记录的手持式应变仪,计算量测标距范围内混凝土的平均应变值,作出 3 种试验梁剪力和混凝土斜截面应变关系对比曲线。

(5) 根据试验中实测得到的试验梁开裂荷载和破坏荷载,计算 3 种试验梁的抗裂校验系数和承载力校验系数。

(6) 绘制 3 种试验梁弯剪段的裂缝分布图。

7.3　钢桁架静力试验

钢桁架是指用钢材制造的桁架,工业与民用建筑的屋盖结构吊车梁、桥梁和水工闸门等,常用作主要承重构件。各式塔架如桅杆塔、电视塔和输电路塔等,常用三面、四面或多面平面桁架组成空间钢桁架。本节主要介绍平面桁架的静荷载试验,以了解桁架的受力特点和电测技术的具体运用。

7.3.1　试验目的

通过对桁架杆内力(应变)的测定,进行钢桁架结构杆件分析,了解结构静荷载试验的全过程。

7.3.2　试验原理与方法

在节点荷载作用下,桁架各杆件呈现二力杆特性,具体来说,是上弦为压杆,在应变特性上表现为负应变(压应变),下弦杆为拉杆,在应变特性上表现为正应变(拉应变)。腹杆中有拉杆、压杆和零杆(特别要注意其前提是在节点荷载作用下,这一点在误差分析中很重要)。

7.3.3　试验设备与试件

(1) 测量仪器:百分表、磁性表座、电阻应变片、静态数字应变仪和测力传感器。

(2) 加载仪器:油压千斤顶、反力架。

(3) 试件:钢桁架。跨度为 3.0 m,上弦采用等边角钢 2∟80×6,腹杆及下弦采用等边角钢 2∟50×5,节点板厚度为 4 mm,$E_s = 2.1×10^5$ MPa,测点布置如图 7-4 所示。

7.3.4　试验方案

(1) 试验装置如图 7-5 所示。桁架一端采用固定铰支座,另一端采用滚动铰支座,并在跨中上弦节点 C 处安装加载设备,施加荷载,利用测力传感器测量荷载的大小。

(2) 在桁架下弦 F、G、H 节点处安装百分表,测量各节点的挠度,在上弦 A、E 节点处安装百分表测量支座在各级荷载作用下的竖向位移,由此可得到钢桁架受载后消除支座位移的挠度。

(3) 用电阻应变片测量桁架各杆件的应变,杆件应变测量点均设置在每一根杆件的中间区段,电阻应变片均粘贴在截面的重心线上。具体位置及编号如图 7-5 所示。在弹性范围内,应变乘以弹性模量 E_s 便得到应力。

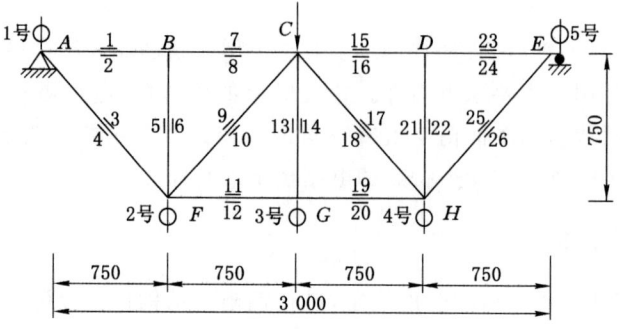

图 7-4 试验桁架杆件测点布置图

("—"代表电阻应变片;"Φ"代表百分表)

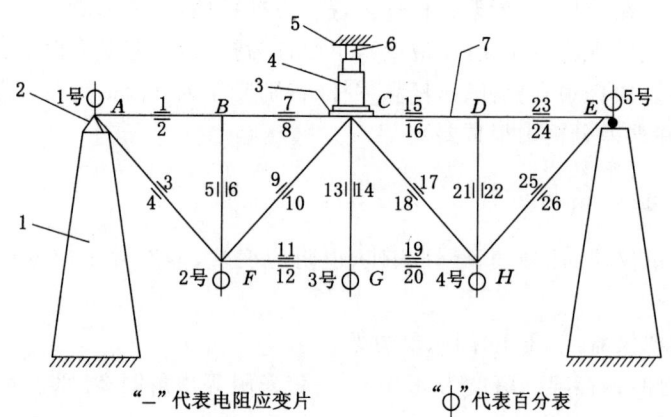

1—钢支墩;2—支座;3—钢垫板;4—油压千斤顶;

5—反力架横梁;6—测力传感器;7—桁架。

图 7-5 试验装置图

("—"代表电阻应变片;"Φ"代表百分表)

7.3.5 试验内容与步骤

(1) 计算桁架杆件内力的理论值,用于与实测值对比。

(2) 复查试验桁架就位,支撑等是否正常(试验时注意侧向稳定)。

(3) 检查所贴的电阻应变片是否完好,并做记录。

(4) 用半桥外补偿法进行多点测量,接测点导线。

（5）将自己的测点调试平衡。

（6）对桁架进行预载试验。加载 10 kN，检查桁架工作状态及仪表是否正常工作。压稳 5 min 后卸载。

（7）试验时 E 点处施加最大集中荷载用 20 kN（考虑压杆的安全稳定），分五级加载，每级 4 kN，稳载后 3 min 开始测读（考虑零荷载时桁架初始应力不明确，因此采用第一级荷载 4 kN 作为初读数）。每级荷载作用下各个测点要反复读两次（相差不能超过 5 $\mu\varepsilon$），将读数记录在试验表格中。

（8）满载后分两次卸载，并记录读数。

（9）重复做一遍以便对照。

7.3.6　理论计算

（1）桁架杆件的内力计算

桁架在实际荷载作用下各杆件的内力如图 7-6 所示。单位力作用下桁架内力图如图 7-7 所示。

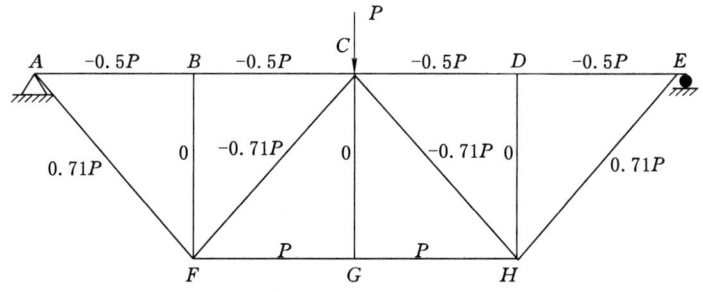

图 7-6　桁架在实际荷载作用下各杆件的内力图

（2）桁架下弦节点的挠度计算

桁架下弦节点的挠度按下式计算：

$$F_1 = \sum \frac{N_P \overline{N} L}{EA} \tag{7-1}$$

式中　　N_P——结构（桁架杆件）在荷载作用下所产生的内力。

　　　　$\overline{N}$——结构（桁架杆件）在单位荷载作用下产生的内力。

　　　　L——桁架杆件的长度。

　　　　A——桁架杆件的横截面面积。

　　　　E——桁架杆件的材料弹性模量。

由此可以求得荷载 P 作用下 F 点、G 点和 H 点处的挠度。

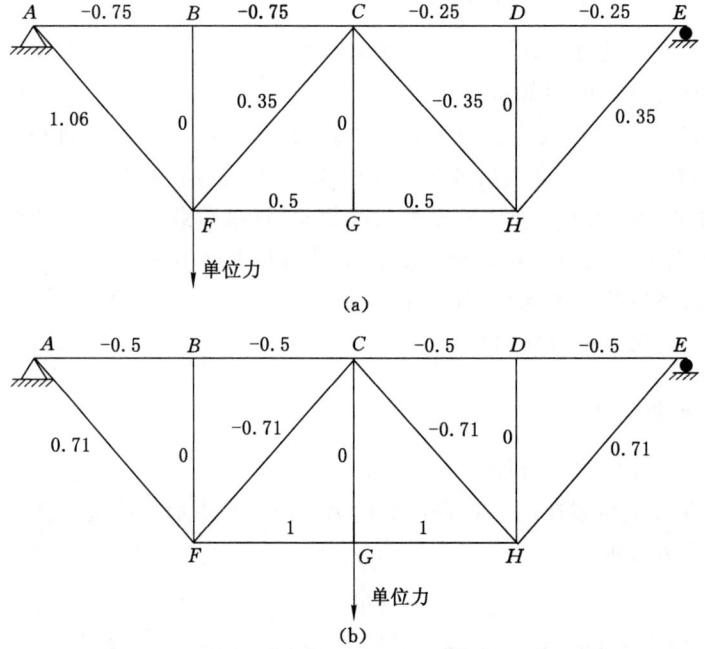

图 7-7　单位力作用下桁架内力图

7.3.7　试验数据处理

参照试验报告格式,填写试验数据,观察数据的变化规律。

(1) 桁架满荷载时,比较下弦各节点挠度实测值与理论值(考虑支座刚性位移的影响修正),并绘制满荷载作用下桁架下弦的实测与理论挠度曲线。

(2) 绘制桁架下弦节点 F、G、H 的实测与理论的荷载-挠度关系曲线 (P-f)。

(3) 桁架杆件的内力分析:对桁架各杆件在各级荷载作用下的内力实测值与理论值进行比较。

第8章 综合型试验——大学生结构设计竞赛

　　大学生结构设计竞赛是一项针对在校大学生的集创造性和趣味性于一体的科技竞赛。该项赛事旨在通过对材料力学、结构力学、建筑结构设计、桥梁工程等知识的综合运用，多方面培养大学生的创新思维和实际动手能力，加强同学之间的合作与交流，增强团队意识，丰富校园文化和学术氛围。结构设计竞赛本质上是结构优化设计竞赛，即要求学生利用尽可能少的规定材料设计制作能承受尽可能大荷载的模型。由于结构优化设计方法在理论上还有许多问题尚未解决，在给定的设计条件下，目前还难以给出一个理论上的最优化设计，这也正好给参加结构设计竞赛的大学生提供了一个发挥想象的广阔空间。除此之外，结构设计竞赛取材广泛，有白卡纸、黄皮纸、易拉罐、塑料纸、腊线、铅发丝、乳胶等，结构的制作难度大，特别是节点连接、基础连接，给参赛学生带来极大的挑战。本章将简要介绍结构设计竞赛的设计流程和注意事项，为参赛学生提供初步认识。

8.1　材料力学性能

　　模型的合理设计需要建立在对材料充分认识的基础上，因此正确认识材料性能是做好模型的关键。结构设计竞赛采用的材料可以分为三种：第一种是柔性材料，主要有腊线、铅发丝等，该类材料有较大的抗拉强度，但是抗拉刚度小，没有抗压能力，可以模拟实际结构中的拉杆、索等构件。由于其抗拉刚度小，往往变形较大，可以在使用前预张拉，消除部分永久变形，在应用到结构上之后还可以进行后张拉以提高其抗拉刚度。第二种是刚性材料，主要有白卡纸、黄皮纸、易拉罐、塑料纸等，该类材料具有较强的抗拉强度和抗压强度，采用该类材料制作薄壁杆件（包括圆杆和方杆）是结构的主要受压和受弯构件，采用该类材料可以做成带状用来承受拉力，相比柔性材料有较大的刚度，也可以做成片状作为张力膜使用；第三种是黏结材料，主要有乳胶、双面胶、万能胶等。黏结材料在模型制作中极为重要，不但在构件与构件之间相互连接时起关键作用，而且能大幅度提高材料的强度与刚度。

8.1.1 构件性能参数

结构的破坏除整体失稳外,主要表现在构件中杆件的屈服、节点的失效和变形过大等,这就需要参考材料的性能对结构进行一定的计算分析。但是由于比赛材料一般没有具体的力学性能指标,而且在与黏结材料结合后,力学性能发生了很大的变化,因此在进行内力计算前,有必要通过试验对构件的参数进行测定。

对于受拉构件和轴心受压构件,主要的性能参数是拉伸刚度或压缩刚度,即弹性模量与横截面面积的乘积 EA,该参数可以通过材料试验机进行测定。首先取一段构件,对于受拉构件,应取得稍长一些,对于受压构件,应取得稍短一些。一般长度与构件宽度的比值不超过 5,以避免产生失稳破坏而产生误差。试件准备好之后测定其初始长度 L,然后开始进行加载试验,得到力-位移关系曲线。图 8-1 为某塑性薄壁方管轴心受压时的力-位移关系曲线,显然该构件变形达到 0.4 mm 之前基本上为弹性工作阶段,从图中取出一段,如图 8-1 中剪头中间段,得到力的增量 ΔP 和位移增量 ΔL,则该构件的压缩刚度为:

$$EA = \frac{\Delta P}{\Delta L}L \tag{8-1}$$

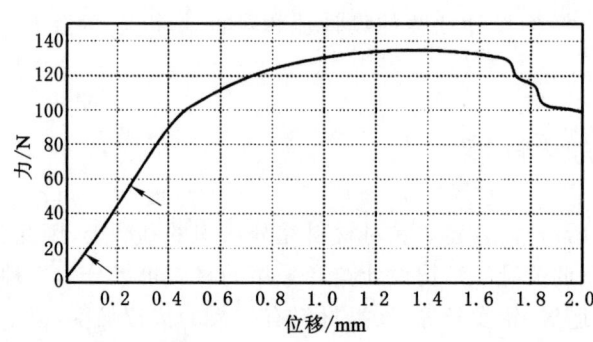

图 8-1　某塑性薄壁方管轴心受压时的力-位移关系曲线

拉伸刚度可以采取同样的方法得到。在测得构件横截面面积之后便可以得到经过加工的材料弹性模量,用于理论计算。对于受弯构件以及需要计算临界失稳内力的轴心受压构件,主要的性能参数是抗弯刚度,即弹性模量与截面惯性矩的乘积 EI,该参数同样可以通过材料试验机测定力-位移关系曲线。图 8-2 为某塑性薄壁方管受弯时的力-位移关系曲线,显然该构件变形达到 0.8 mm 之前基本上处于弹性工作阶段。同理,在曲线的弹性工作阶段得到力的增量 ΔP 和位移增量 ΔL,则该构件的抗弯刚度为:

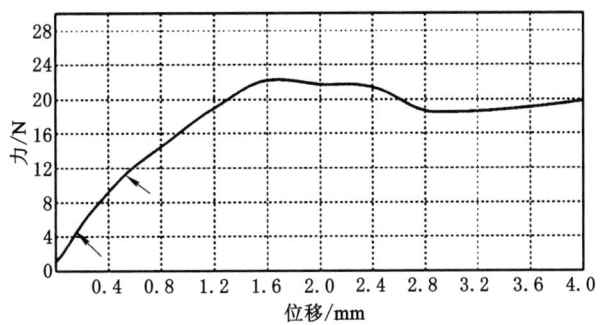

图 8-2　某塑性薄壁方管受弯时的力-位移关系曲线

$$EI = \frac{\Delta P}{48 \Delta L} L \tag{8-2}$$

得到构件压拉刚度和抗弯刚度后,就为理论计算提供了最可靠的数据,当构件横截面面积为确定值时,还能因此得到弹性模量,为精确选择构件截面和优化结构设计提供了试验保障。

8.1.2　构件制作与连接

构件的制作是最重要的环节之一。构件制作时要求下料精确、手工细腻、构件沿长度方向无明显缺陷,必要时可采取局部加强的措施,提高构件的局部承载能力。

构件纸杆与线的连接主要通过缠绕的方式固定,受力时杆件易产生应力集中,因此应增大缠绕的面积,同时杆件截面的壁厚不宜过小。纸杆与纸条或纸片主要通过胶水进行黏结。在连接时施加一定的预应力可消除节点内的问题。纸杆与纸杆的连接可以参考钢结构中的一些构造。对于铰节点,两杆之间轴心受力,允许有一定转动,不传递弯矩,杆件方向正交时可通过搭接,并施加一定压力,通过一些构造措施保证力的传递。对于刚节点,要求能够传递剪力与弯矩,需要通过大量材料的重复粘贴,使节点的刚度远大于杆件的刚度。

8.2　结构选型

不同的比赛规则对结构的受力要求不同,比如高层建筑、桥梁、屋盖等,结构体系视具体分析选择。对结构体系的选择也是结构设计竞赛中最能体现创新的地方,可以充分发挥学生的想象力。同时,结构形式的选择也体现了作者对结构体系的理解和力学分析的能力。帮助结构选型的主要方法有定性分析、理论计算、加载试验。

8.2.1　定性分析

定性分析主要是针对结构的选型,初步设计和优化。需要针对比赛要求,对比各种结构体系,选择合适的结构体系进一步分析,在此需要明确各种结构体系的受力特点、传力途径,之后通过不断比较最终确定合适的结构体系。然后根据其受力特点初步设计杆件截面,通过理论计算和模型试验进一步优化。

8.2.2　理论计算

对于一般简单结构的内力和位移,在了解结构力学参数的情况下完全可以通过手算得到,对于复杂的超静定结构体系,需要借助有限元计算软件,但是在计算时要注意结合试验合理选择参数。通过这一部分的计算,可以得到理想受力状态下的结构内力和应力。据此可以合理设计杆件截面,合理分配材料的使用,减少材料的使用量,提高结构整体的经济性。但是由于难以模拟实际的制作情况,理论计算只能是对模型的辅助校核算和优化,对结构承载能力的准确评估还要通过加载试验来确定。

8.2.3　加载试验

加载试验是对模型设计与制作成果的完整检验。试验装置可根据竞赛要求制作,务求与竞赛现场加载装置完全一致。在加载试验过程中,首先观察结构设计与制作上的薄弱环节,并制订改进措施,其次观察结构的破坏形态,加深对结构的理解和把握,最后对结构承载能力进行评估,以便竞赛现场加载时合理选择加载程序。

参 考 文 献

［1］黄华,段留省,王博,等.结构试验[M].北京:中国建筑工业出版社,2019.

［2］刘万峰,王博.土木工程材料试验教程[M].徐州:中国矿业大学出版社,2020.

［3］刘自由,曹国辉.土木工程试验[M].重庆:重庆大学出版社,2018.

［4］马铭彬.等.土木工程材料试验与题解[M].重庆:重庆大学出版社,2011.

［5］彭艳周,等.土木工程材料试验指导[M].北京:中国水利水电出版社,2016.

［6］王莹.土木工程试验教程[M].郑州:黄河水利出版社,2012.

［7］温州大学建筑与土木工程学院编写组.土木工程试验:试验指导书[M].北京:科学出版社,2012.

［8］余世策,刘承斌.土木工程结构试验:理论、方法与实践[M].杭州:浙江大学出版社,2009.

［9］张志恒,等.土木工程材料试验与检测[M].长沙:中南大学出版社,2016.

［10］周端荣,等.土木工程系列试验综合教程[M].北京:北京大学出版社,2017.

附　　录

附录 A　试验报告示例 1

成　绩	
评阅人	
日　期	

20　—20　学年第　学期

《土木工程材料 A》

试　验　报　告

专业班级＿＿＿＿＿＿＿＿＿＿

学生姓名＿＿＿＿＿＿＿＿＿＿

学　　号＿＿＿＿＿＿＿＿＿＿

任课教师＿＿＿＿＿＿＿＿＿＿

目　　录

一、水泥基本性能试验

(一)试验概况

1. 试验日期：_____年_____月_____日
2. 水泥品种：_____
3. 强度等级：_____
4. 制造厂名：_____
5. 出厂日期：_____

(二)试验项目

试验项目1:水泥胶砂强度试验试件制作

成型日期	___年___月___日	水泥加水搅拌时间	___时___分(24 h制)	
成型三个试件所需材料	$m_{水泥}$/g	$m_{标准砂}$/g	$V_{水}$/mL	水灰比

试验项目2:标准稠度用水量测定

实验室温度/湿度		试验结果分析
水泥试样用量/g		
用水量/mL		
标准稠度用水量 P/%		

试验项目3:体积安定性试验

检验记录		雷氏夹法			备注
	1	$A=$___(mm)	$C-$___(mm)	$C-A=$___(mm)	标准稠度用水量 $P=$___%。A:沸煮前试件指针尖端的距离(精确到0.5 mm)。
	2	$A=$___(mm)	$C=$___(mm)	$C-A=$___(mm)	C:沸煮后试件指针尖端的距离(精确到0.5 mm)
		$C-A$(平均值)$=$___(mm)			
试验结果分析					

试验项目 4:水泥细度检验

检验方法	负压筛		试验结果分析
水泥试样质量 m_C/g			
水泥筛余质量 R_s/g			
水泥筛余百分数 $F/\%$			
试验结果	合格（　　）	不合格（　　）	

（三）试验结果讨论

1. 国家标准对水泥的技术性能要求中并没有标准稠度用水量,为什么在水泥性能试验中要求测其标准稠度用水量?

2. 某工程所用水泥经上述安定性检验(采用雷氏夹法)合格,但是一年后构件上出现开裂,试分析是否可能是水泥安定性不良引起的?

二、混凝土用骨料基本性能试验

(一)试验概况

试验日期:_____年_____月_____日

(二)试验项目

试验项目 1:砂的表观密度测定

试验次数	1	2	试验结果分析
干砂样质量 m_0/g			
容量瓶装水至瓶颈刻度线时的质量 m_2/g			
容量瓶装砂后水面至瓶颈刻度线时的质量 m_1/g			
表观密度 ρ_{0s}/(g/cm³)			
表观密度平均值 $\bar{\rho}_{0s}$/(g/cm³)			

试验项目 2:砂的堆积密度测定

试验次数	1	2	试验结果分析
筒质量 m_1/kg			
筒与砂总质量 m_2/kg			
筒容积 V/L			
堆积密度 ρ_{0s}'/(kg/m³)			
堆积密度平均值 $\bar{\rho}_{0s}'$/(kg/m³)			

空隙率计算:$p' = \left(1 - \dfrac{\rho_{0s}'}{\rho_{0s}}\right) \times 100\% = $ _____

试验项目3:砂筛分析试验

筛分结果					细度模数计算
筛孔尺寸 /mm	试样一		试样二		
	筛余量/g	累计筛余率/%	筛余量/g	累计筛余率/%	
4.75					$M_k = \dfrac{(A_2 + A_3 + A_4 + A_5 + A_6) - 5A_1}{100 - A_1}$
2.36					
1.18					$M_{x1} = \underline{\hspace{3cm}}$
0.60					
0.30					$M_{x2} = \underline{\hspace{3cm}}$
0.15					
筛底					
结果评定	按 M_k 分级	粗砂(　　)	中砂(　　)	细砂(　　)	$\overline{M_x} = \underline{\hspace{3cm}}$
	级配属	_____ 区			
	级配情况				

砂的级配区曲线:

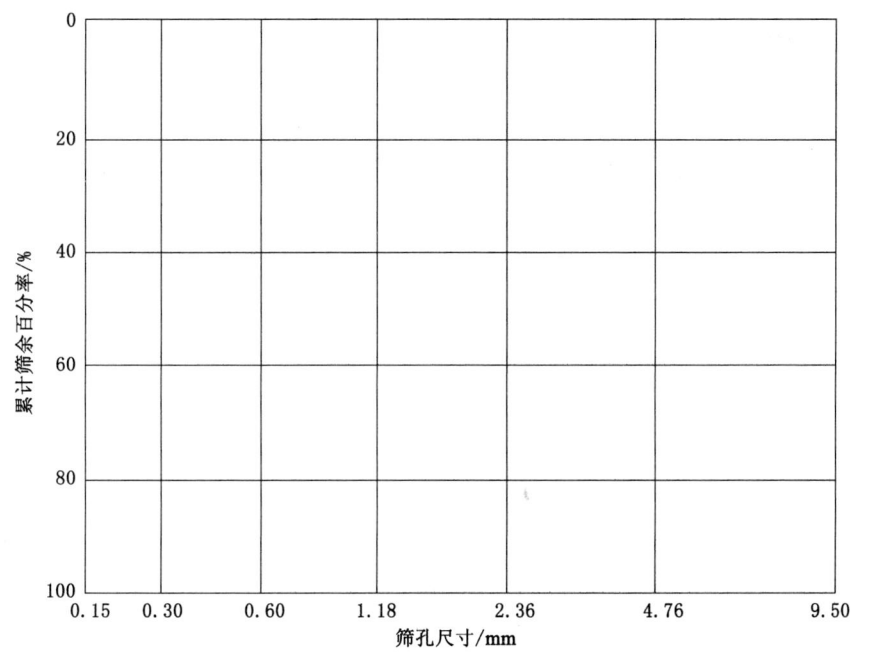

（三）试验结果讨论

1. 试分析砂、石取样时进行缩分的意义。

2. 进行砂筛分时,试样准确称量 500 g,但各筛的分计筛余量之和大于或小于 500 g,试分析其可能原因(称量错误不计)。

三、新拌混凝土及工作性能试验

（一）试验概况

1. 试验日期:_____年_____月_____日

2. 混凝土级配设计要求和试拌材料性质

配合比设计要求				混凝土强度等级	
				坍落度/mm	
试拌材料性质	水泥	品种		出厂日期	
		强度等级		表观密度/(g/cm³)	
		细度模数		最大粒径/mm	
	砂子	级配情况		石子	级配情况	
		表观密度/(g/cm³)			表观密度/(g/cm³)	
		堆积密度/(kg/m³)			堆积密度/(kg/m³)	
		空隙率/%			空隙率/%	
		含水率/%			含水率/%	

（二）混凝土配合比设计

（三）混凝土试拌材料用量及工作性能测定

项目			水泥	水	砂	石	坍落度/mm	
每立方米用量/kg							第一次	第二次
15 L试样用量/kg								
增加用量	1	_____%						
		_____kg						
	2	_____%						
		_____kg						
	3	_____%						
		_____kg						
增加总体积/L								
符合要求时用量	试拌用量/kg							
	每立方米用量/kg							
拌合物表观密度/(10 kg/m³)								
结论			黏聚性：_____保水性：_____工作性评价：_____。					

(四) 试验结果讨论

1. 混凝土坍落度不符合要求时应如何调整？为什么？调整时要注意什么？

2. 成型时如何才能保证试件密度？

3. 如何根据已知的工程和原材料条件设计符合要求的普通混凝土配合比？

4. 试分析强度达到设计要求但是和易性不好的混凝土应用于工程时有何危害。

四、水泥胶砂与混凝土试块强度试验

(一)试验概况

试验日期：＿＿＿＿年＿＿＿＿月＿＿＿＿日

(二)试验项目

试验项目 1:水泥胶砂强度测定

水泥胶砂试块＿＿d抗折强度测定　　　　　　加载速度：＿＿＿＿kN/s

编号	试件尺寸/mm			破坏荷载 /kN	抗折强度 /MPa	抗折强度平均值 /MPa	试验结果 分析
	宽 b	高 h	跨距 L				
1							
2							
3							

水泥胶砂试块＿＿d抗压强度测定　　　　　　加载速度：＿＿＿＿kN/s

编号	受压面积/mm²	破坏荷载/kN	抗压强度/MPa	抗压强度平均值/MPa	试验结果分析
1					
2					
3					
4					
5					
6					

试验项目 2:混凝土试块抗压强度测定

加载速度：＿＿＿＿kN/s

试件成型日期＿＿＿＿＿＿＿	试件养护龄期＿＿＿＿＿＿＿d		
试件编号	1	2	3
试件横截面面积/mm²			
破坏荷载/kN			
抗压强度/MPa			
抗压强度平均值/MPa			
换算成标准尺寸时的强度/MPa			
混凝土强度等级评定			
备注			

（三）试验结果讨论

1. 在进行混凝土强度试验时,要求试件的侧面(与试模壁相接触的四面)受压,为什么?

2. 为何混凝土试件养护用水的 pH 值不应小于 7?

3. 某学生在混凝土试件成型时,发现拌合物过于干硬,难以密实,便加入少量水搅拌后再成型,试分析对试验结果的影响。

附录 B　试验报告示例 2

成　绩	
评阅人	
日　期	

20　—20　学年第　学期

《土木工程材料 B》

试　验　报　告

专业班级＿＿＿＿＿＿＿＿＿＿＿＿

学生姓名＿＿＿＿＿＿＿＿＿＿＿＿

学　　号＿＿＿＿＿＿＿＿＿＿＿＿

任课教师＿＿＿＿＿＿＿＿＿＿＿＿

目　　录

一、水泥基本性能试验

（一）试验概况

1. 试验日期：＿＿＿＿＿＿＿年＿＿＿＿＿＿＿＿月＿＿＿＿＿＿日
2. 水泥品种：＿＿＿＿＿＿＿＿＿＿＿＿＿＿＿＿＿＿＿＿＿＿＿＿＿
3. 强度等级：＿＿＿＿＿＿＿＿＿＿＿＿＿＿＿＿＿＿＿＿＿＿＿＿＿
4. 制造厂名：＿＿＿＿＿＿＿＿＿＿＿＿＿＿＿＿＿＿＿＿＿＿＿＿＿
5. 出厂日期：＿＿＿＿＿＿＿＿＿＿＿＿＿＿＿＿＿＿＿＿＿＿＿＿＿

（二）试验项目

试验项目 1：水泥胶砂强度试验试件制作

成型日期	＿＿年＿＿月＿＿日		水泥加水搅拌时间	＿＿时＿＿分（24 h 制）	
成型三个试件所需材料	$m_{水泥}/g$	$m_{标准砂}/g$		$V_{水}/mL$	水灰比

水泥胶砂强度测定

水泥胶砂试块＿＿＿＿d 抗折强度测定　　　　加载速度：＿＿＿＿＿＿＿kN/s

编号	试件尺寸/mm			破坏荷载/kN	抗折强度/MPa	抗折强度平均值/MPa	试验结果分析
	宽 b	高 h	跨距 L				
1							
2							
3							

水泥胶砂试块＿＿＿＿d 抗压强度测定　　　　加载速度：＿＿＿＿＿＿＿kN/s

编号	受压面积/mm²	破坏荷载/kN	抗压强度/MPa	抗压强度平均值/MPa	试验结果分析
1					
2					
3					
4					
5					
6					

试验项目 2:标准稠度用水量测定

实验室温度/湿度		试验结果分析
水泥试样用量/g		
用水量/mL		
标准稠度用水量 P/%		

试验项目 3:体积安定性试验

		雷氏夹法			备注
检验记录	1	$A=$___(mm)	$C=$___(mm)	$C-A=$___(mm)	标准稠度用水量 $P=$___% A:沸煮前试件指针尖端的距离(精确到 0.5 mm)。
	2	$A=$___(mm)	$C=$___(mm)	$C-A=$___(mm)	C:沸煮后试件指针尖端的距离(精确到 0.5 mm)
	$C-A$(平均值)=___(mm)				
试验结果分析					

试验项目 4:水泥细度检验

检验方法	负压筛	试验结果分析
水泥试样质量 m_C/g		
水泥筛余质量 R_s/g		
水泥筛余百分数 F/%		
试验结果	合格( )　　　不合格( )	

(三)试验结果讨论

1. 国家标准对水泥的技术性能要求中并没有标准稠度用水量,为什么在水泥性能试验中要求测定其标准稠度用水量?

2. 某工程所用水泥经上述安定性检验（采用雷氏夹法）合格，但是一年后构件上出现开裂，试分析是否可能是水泥安定性不良引起的？

二、混凝土用骨料基本性能试验

（一）试验概况

试验日期：_____年_____月_____日

（二）试验项目

试验项目 1：砂的表观密度测定

试验次数	1	2	试验结果分析
干砂样质量 m_0/g			
容量瓶装水至瓶颈刻度线时的质量 m_2/g			
容量瓶装砂后水面至瓶颈刻度线时的质量 m_1/g			
表观密度 ρ_{0s}/（g/cm³）			
表观密度平均值 $\overline{\rho}_{0s}$/（g/cm³）			

试验项目 2：砂的堆积密度测定

试验次数	1	2	试验结果分析
筒质量 m_1/kg			
筒与砂总质量 m_2/kg			
筒容积 V/L			
堆积密度 ρ'_{0s}/（kg/m³）			
堆积密度平均值 $\overline{\rho}'_{0s}$/（kg/m³）			

空隙率计算：$p' = \left(1 - \dfrac{\rho'_{0s}}{\rho_{0s}}\right) \times 100\% = $ _____

试验项目 3：砂筛分析试验

筛分结果					细度模数计算
筛孔尺寸 /mm	试样一		试样二		
	筛余量/g	累计筛余率/%	筛余量/g	累计筛余率/%	$M_k = \dfrac{(A_2+A_3+A_4+A_5+A_6)-5A_1}{100-A_1}$
4.75					
2.36					$M_{x1} = \underline{\hspace{3cm}}$
1.18					
0.60					$M_{x2} = \underline{\hspace{3cm}}$
0.30					
0.15					
筛底					$\overline{M_x}$ 平均值 $= \underline{\hspace{3cm}}$
结果评定	按 M_k 分级	粗砂（　　） 中砂（　　） 细砂（　　）			
	级配属	_____区			
	级配情况				

砂的级配区曲线：

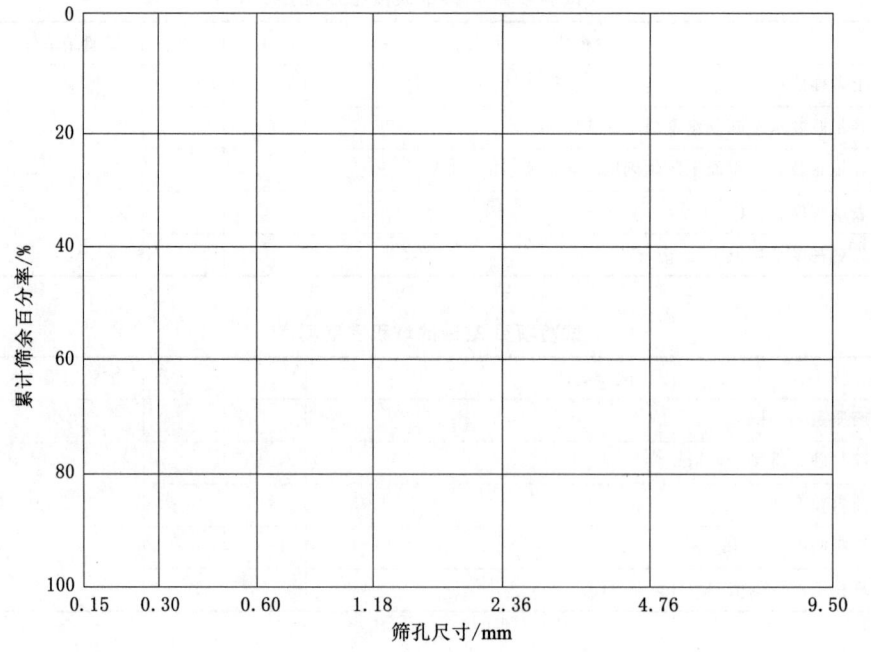

（三）试验结果讨论

1. 试分析砂、石取样时进行缩分的意义。

2. 进行砂筛分时,试样准确称量 500 g,但各筛的分计筛余量之和大于或小于 500 g,试分析其可能的原因（称量错误不计）。

附录 C 钢筋混凝土受弯构件试验报告

钢筋混凝土受弯构件试验报告

一、试验目的

二、试验内容

三、试验测试布置图

四、试验材料各项参数实测值

表 1　各项参数实测值

		梁的几何尺寸/mm				钢筋材料性质	混凝土材料性能	配筋率 r/%
		b	h	h_0	c			
适筋梁	设计数据							
	实测数据							
超筋梁	设计数据							
	实测数据							

五、试验记录数据表格

表 2　适筋梁测试数据记录表(挠度记录表、应变记录表)

序号	荷载 T	表 1	表 2	表 3	表 4	表 5	表 6	表 7	表 8

表 3　超筋梁测试数据记录表（挠度记录表、应变记录表）

序号	荷载 T	表 1	表 2	表 3	表 4	表 5	表 6	表 7	表 8

六、绘制图形

包括:每级荷载作用下截面应变分布图、挠度曲线图(扣除支座沉降值)。
建议:如有条件可采用数据处理的软件进行图形的绘制和分析。

七、理论值与实测值比较

表 4　理论值与实测值比较

	开裂荷载		破坏荷载	
	理论值	实测值	理论值	实测值
适筋梁				
超筋梁				
开裂荷载计算公式				
破坏荷载计算公式				

八、绘制梁破坏时裂缝展开图(必须与实际裂缝分布图一致)

九、简述受弯构件的受力性质以及破坏特征

十、试验体会与收获

十一、附表:试验测试数据处理过程(每位同学需把试验数据处
　　　理过程详细附表)